"十二五"职业教育国家规划教材

经全国职业教育教材审定委员会审定

机械设计课程设计

（第3版）

主　编　韩　莉　王欲进
副主编　魏凡杰　张兴强　李穗平
主　审　周　敏

U0240430

重庆大学出版社

内 容 提 要

本书的内容可以分为三部分:第一部分内容为课程设计指导书,其中包括部分设计题目供教师参考;第二部分内容为参考图例;第三部分内容为设计参考资料,其中包括机械制图、材料、一般标准、螺纹及螺纹连接、轴系零件的紧固件、常用的滚动轴承、润滑和密封、连轴器、公差与配合、电动机等。它是将机械设计指导书、机械零件手册、机械零件课程设计图册、国标等资料汇集一体的机械设计课程设计的教材。

本书不仅可作为高职高专工科机械类和近机类各专业机械设计课程设计的教材,也可作为机械类电视大学、职工大学、业余大学、函授大学以及中等专科学校的教材或用于教学参考书,同时可供机械设计技术人员阅读参考。

图书在版编目(CIP)数据

机械设计课程设计/韩莉,王欲进主编.—3 版.—重庆:
重庆大学出版社,2016.3(2023.7 重印)
高职高专机械系列教材
ISBN 978-7-5624-9567-3

Ⅰ.①机… Ⅱ.①韩…②王… Ⅲ.①机械设计—课程设计—
高等职业教育—教材 Ⅳ.①TH122-41

中国版本图书馆 CIP 数据核字(2015)第 300079 号

“十二五”职业教育国家规划教材
经全国职业教育教材审定委员会审定

机械设计课程设计
(第 3 版)

主 编 韩 莉 王欲进
副主编 魏凡杰 张兴强 李穗平
主 审 周 敏
责任编辑:周 立 版式设计:周 立
责任校对:秦巴达 责任印制:张 策

*

重庆大学出版社出版发行
出版人:饶帮华
社址:重庆市沙坪坝区大学城西路 21 号
邮编:401331
电话:(023) 88617190 88617185(中小学)
传真:(023) 88617186 88617166
网址:http://www.cqup.com.cn
邮箱:fxk@ cqup.com.cn(营销中心)
全国新华书店经销
POD:重庆新生代彩印技术有限公司

*

开本:787mm×1092mm 1/16 印张:12 字数:263 千
2003 年 7 月第 1 版 2016 年 3 月第 3 版 2023 年 7 月第 10 次印刷
印数:27 001—27 500
ISBN 978-7-5624-9567-3 定价:38.00 元

机械设计课程设计是《机械设计基础》课程的一个有机组成部分,是机械设计基础课程后课程设计的配套教材,是机械类和近机类高职高专系列教材之一。

本教材编写特点:

1. 以基础适度,知识必须够用为指导思想,教材内容精炼,重点突出,以工作实际任务案例引领课程内容,体现了职业教育的工学要求。

2. 循序渐进讲解基本知识和技能训练,根据本课程教学的需要,以圆柱齿轮减速器为例简明扼要地阐述了减速器的设计过程。全书按课程设计步骤编排,对每一设计步骤的顺序和内容都有图文结合的指导说明和示例,对图纸的设计和计算说明书也做了相应的叙述,降低了学习难度。

3. 本教材尽量避免与《机械设计基础》教材的内容重复,重在满足课程设计要求,提高学生分析问题、解决问题的应用能力,精选了相关内容,加强了对结构设计的分析和比较(如:减速器的结构设计、滚动轴承的组件设计、减速器附件的选择设计等)。为了使在进行课程设计时,本教材与《机械设计基础》教材配套使用就能基本满足课程设计的要求,在书中还编有减速器装配图示例,主要零件的工作图示例和设计参考资料。其中包括机械零件课程设计图册和机械零件手册的部分内容以及标准规范节选等内容,同时采用了国家最新标准和规定。从而将机械设计指导书、机械零件手册和机械零件课程设计图册等资料汇集为一体,使本教材更具有针对性和实用性,是机械设计课程设计的首选教材。

4. 本教材充分考虑高职高专学生的特点,围绕职业工作的需求,以技能训练为中心,采用任务驱动、项目导向的模式构建课程体系,使理论教学与技能训练有机结合、系统性与模块化有机结合。

本教材共分 8 个项目,其中项目综述、项目 1 由韩莉编写;项目 2、项目 3、项目 8 王欲进(太原大学)、附表由王欲进、魏凡杰编写;项目 4、项目 5 由程阔华(杭州万向职业技术学院)编写;项目 6 由巩利平(太原大学)编写;项目 7 由张兴强(湖南科技工业职业技术学院)编写;附录由张爱全(绍兴文理学院)编写,本书由韩莉、王欲进担任主编,魏凡杰、张兴强、李穗平担任副主编,由周敏担任主审。

  本书的编写力求适应高职高专课程体系和教学内容的改革及发展,但由于水平有限,书中不足或疏漏之处,恳请读者批评指正。

编 者

2016 年 1 月

目 录

项目综述

●项目综述

　　本项目以机械设计中的课程设计为主线,以圆柱齿轮减速器设计为实例,简明扼要地阐述了减速器的设计过程。

1.课程设计的目的

机械设计中的课程设计是机械设计课程中的一个重要教学环节,是"机械设计基础"课程的一个有机组成部分,是高等工科院校机械类和近机类专业学生第一次较全面的机械设计的应用实训环节。通过课程设计这一教学环节,应达到以下目的:

1)综合运用本课程及有关先修课程(机械制图、工程力学、金属工艺学、公差与配合等)中的理论知识和生产实践知识进行设计实训,并使所学知识得到进一步巩固、加强和发展,因此,课程设计是"机械设计基础"课程和与之有关的一系列课程的总结性的作业。

2)课程设计是高等工科院校机械类和近机类专业学生第一次进行的较全面的机械设计,通过这一设计过程,使学生学习和掌握机械设计的基本方法和步骤,初步培养学生分析和解决实际工程设计问题的独立工作能力,树立正确的设计思想,掌握机械设计的基本方法和步骤,为以后进行设计工作打下良好的基础。

3)使学生在设计中得到基本技能训练,能够熟练地应用有关设计的参考资料、计算图表、图集、手册,熟悉有关的标准和规范等。

2.课程设计的内容

课程设计通常是选择一般用途的机械传动装置或简单机械为题,如图 0.1 所示为电动绞车中的二级圆柱齿轮减速器和整机。

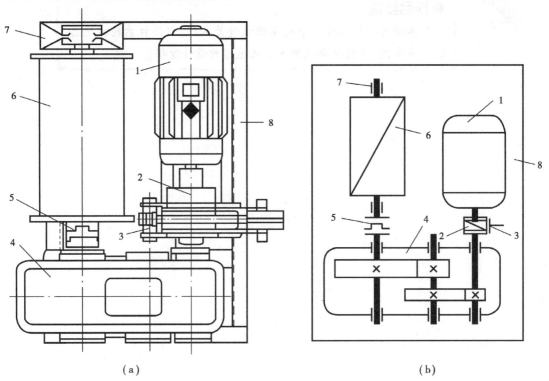

(a)   (b)

图 0.1 电动绞车

1—电动机;2、5—连轴器;3—制动器;4—减速器;6—卷筒;7—滚动轴承;8—机架本项目以圆柱齿轮减速器的设计计算为例,说明课程设计的主要内容。主要内容为:传动装置的方案确定;电动机的选择;传动装置的运动分析和动力参数的选择、计算;传动零件、轴的设计计算;滚动轴承、润滑密封的方式和连轴器的选择及校核计算;减速器箱体结构及其附件的设计和选择;绘制装配图和零件工作图;编写设计计算说明书以及进行答辩。

要求学生在规定的学时内完成以下工作:

①减速器装配图一张(A0 或 A1 图纸,具体由教师指定);

②零件工作图若干张(A2 或 A3 图纸,传动零件、轴、箱盖或箱体等,具体由教师指定);

③设计计算说明书一份,通常不少于 5 000 字;

④课程设计完成后进行答辩。

学习提示:课程设计的内容是在教师指导下由学生独立完成的。每个学生都应该明确设计任务和设计要求,要拟订设计进度计划,注意掌握进度,按时完成。设计分阶段进行,每一阶段的设计都要和教师一起进行认真检查,没有原则性错误时才能继续进行下一阶段的设计,以保证设计质量,从而循序完成设计任务。

3.课程设计的一般步骤

课程设计与机械设计的一般过程相似,也从方案分析开始,然后进行必要的计算和结构设计,最后以图纸表达设计结果,以设计计算说明书表达设计的依据。在设计过程中,零件的几何尺寸可由理论计算(通常以强度计算为主)、经验公式、绘制草图或根据设计要求及参考已有结构,用类比的方法确定。通过边计算、边画图、边修改的方式,即用"三边"设计的方法来逐步完成设计。

课程设计的一般步骤大体可分为以下几个阶段:

1)设计准备阶段

①准备好设计需要的图书、资料和用具。

②阅读和研究设计任务书,明确设计要求及设计内容。

③通过阅读有关资料、图纸,参观实物或模型教具,观看电视教学片、挂图,进行减速器拆装实验等,了解设计对象。

④复习有关课程的内容,熟悉有关零件的设计方法和步骤。

⑤拟订课程设计进度计划。

2)传动装置的总体设计

①分析或确定传动装置的方案。

②选择电动机:选择电动机的类型,计算电动机所需功率,确定电动机额定功率和转速,选定电动机型号。

③确定传动装置的总传动比并分配各级传动比。

④计算传动装置的运动和动力参数,计算各轴转速和扭矩。

3)传动零件的设计计算

①减速器外部传动零件的设计计算。

②减速器内部传动零件的设计计算。

4)轴、轴上零件及轴承组件的结构设计

①进行轴、轴上零件及轴承组件的结构设计。

②校核轴的强度,校核滚动轴承的寿命,校核键连接的强度。

5)设计和绘制减速器装配图

①设计和选择减速器箱体结构及其附件、确定润滑密封和冷却的方式等。

②绘制减速器装配图草图,完成装配图的其他内容。

③标注尺寸公差和配合。

④编写减速器特性、技术要求、标题栏和明细表等内容。

6)设计和绘制零件工作图

7)整理和编写设计说明书

8)设计总结和答辩

4.课程设计中应注意的事项

1)提倡独立思考和深入钻研的精神,注重培养独立工作的能力

课程设计应在教师指导下由学生独立完成。在设计过程中要提倡独立思考、深入钻研的精神,主动地、创造性地进行设计,反对不求甚解、照抄照搬或依赖教师,不能盲目抄袭现有图例。要认真阅读参考资料,仔细分析参考图例的结构,创造性地进行设计。设计中发现的问题,首先应自己考虑,提出看法,然后与指导教师共同研究,由指导教师指出设计中的错误及解决途径,但具体的解决方法由学生自己确定。要求设计态度严肃认真、有错必改,反对敷衍塞责、容忍错误存在的不良作风。只有这样,才能保证课程设计达到教学基本要求,使学生在设计思想、设计方法和设计技能等方面得到良好的训练。

2)强度计算与结构、工艺等要求的关系

机械零件的尺寸不可能完全由理论计算确定,而是还要同时考虑结构、加工和装配工艺、经济性等要求。如图 0.2 所示的轴,图 0.2(a)的结构只考虑了强度要求,因此,设计成直径为 30 mm 的光轴,显然无论对于加工、定位等方面其结构都是不合理的,图 0.2(b)则综合考虑了轴的强度、轴上零件的装拆和固定以及加工工艺的要求,将轴设计成为阶梯轴,这样既满足了强度要求,又满足了结构工艺性的要求,因此结构是合理的。可见,理论计算只是为确定零件尺寸提供了一个方面(如强度)的依据,有些经验公式(如齿轮轮缘尺寸的计算公式),也只是考虑了主要因素的要求,所求得的是近似值。所以,在设计时都要根据具体情况作适当的调整,全面考虑强度、刚度、结构和加工工艺的要求。

3)了解标准在设计中的重要性,正确使用标准

采用和遵守标准,是降低成本的首要原则,也是评价设计质量的一项指标。因此,熟悉标准和熟练使用标准是课程设计的重要任务之一。

设计时,尽可能选用标准件,如:电动机、滚动轴承、橡胶油封和紧固件等,有些外购不到的标准件需要自己制造,如:连轴器、键等,但其主要尺寸参数,一般仍宜按标准规定选取。非标准件的一些尺寸参数,要求圆整为标准数或优先数系,以方便制造和测量。要尽量减少选用的材料牌号和规格,减少标准件的品种、规格,尽可能选用市场上能充分供应的通用品

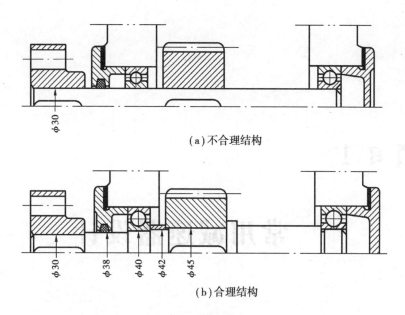

（a）不合理结构

（b）合理结构

图 0.2　轴的结构

种,这样才能降低成本,方便使用和维修。

4）掌握和贯彻"三边"设计方法

设计时,有些零件可以由计算得到主要尺寸,通过绘图决定其结构;而有些零件,例如轴的设计,则需先估算轴径,通过绘制草图确定轴的结构,然后校核验算其强度,根据验算结果,可能还要修改轴的结构。这种边画、边算、边修改的设计方法,称为设计计算与绘图交替进行的"三边"设计方法。"三边"设计方法是设计的正常过程,在设计中应该注意运用这种方法。产品的设计总是经过多次修改才能得到较高的设计质量,因此在设计时应该坚持运用"三边"的设计方法,避免害怕返工或单纯追求图纸的表面美观,而不愿意修改已经发现的不合理或错误的地方。只有这样才能在设计过程中养成严肃认真、一丝不苟、有错必改、使设计精益求精的工作作风。

5）及时检查和整理计算结果

设计开始时,就应准备存档,把设计过程中所考虑的主要问题及一切计算都存档,这样便于随时检查和修改,并且容易保存。不要采用零散稿纸,以免散失而需要重新计算,造成不必要的浪费。另外,向指导教师提出的问题和解决问题的方法,从参考书中摘录的资料和数据等也应及时存档,以供备查,使各方面的问题都做到有理有据。这样在编写说明书时,可节省很多时间。

总之,设计是继承和创造的过程。任何一个设计任务都可能有很多解决的方案,因此学习机械设计应该有创新精神,不能盲目地、死搬教条地抄袭已有的类似产品。要善于在设计中学习和借鉴长期的设计和生产实践积累出的宝贵经验和资料,要继承和发展这些经验和成果,提高自己分析和解决实际工程设计问题的独立工作能力。

项目 1

常用减速器设计

●项目概述

　　本项目主要介绍常用减速器的设计，特别是针对在课程设计中，一般根据给定的任务，参考标准系列产品设计非标准化的减速器的方法，介绍减速器总装配图的设计和绘制（包括计算和结构设计等内容）。而齿轮与轴的计算和结构设计以及滚动轴承的计算，在教材中已有较详细的介绍，所以本书中不再予以介绍。

任务 1 常用减速器的型式及应用特点

【学习目标】

熟悉常用减速器的型式及应用特点。

【导入】

减速器在机器中常为一独立部件,用在原动机和工作机之间,用来降低转速,以适应工作机的需要。由于减速器结构紧凑,润滑条件良好,效率高,传递运动准确可靠,使用维护简便等,因而在机器中应用很广。所以我们应该掌握其常规的设计方法。

1.1 常用减速器的型式及应用特点

减速器是由封闭在箱体内的齿轮传动、蜗杆传动或齿轮蜗杆传动所组成。现在减速器已经成为一种专门部件,为了提高质量,简化结构形式及尺寸,降低成本,一些机器制造部门对其各类通用的减速器进行了专门的设计和制造。常用的减速器已经标准化和规格化了,减速器的形式很多,可以满足各种机器的不同要求。常用减速器的型式及应用特点见表 1.1。

表 1.1 常用减速器的型式及应用特点

类 型	简图及应用特点
一级圆柱齿轮减速器	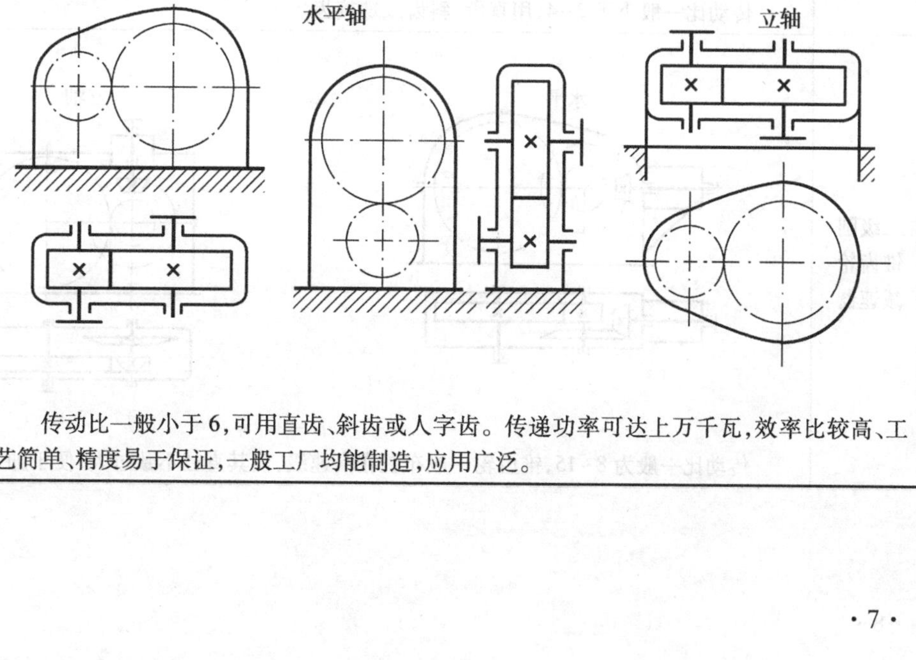 传动比一般小于 6,可用直齿、斜齿或人字齿。传递功率可达上万千瓦,效率比较高、工艺简单、精度易于保证,一般工厂均能制造,应用广泛。

续表

类　型	简图及应用特点
二级圆柱齿轮减速器	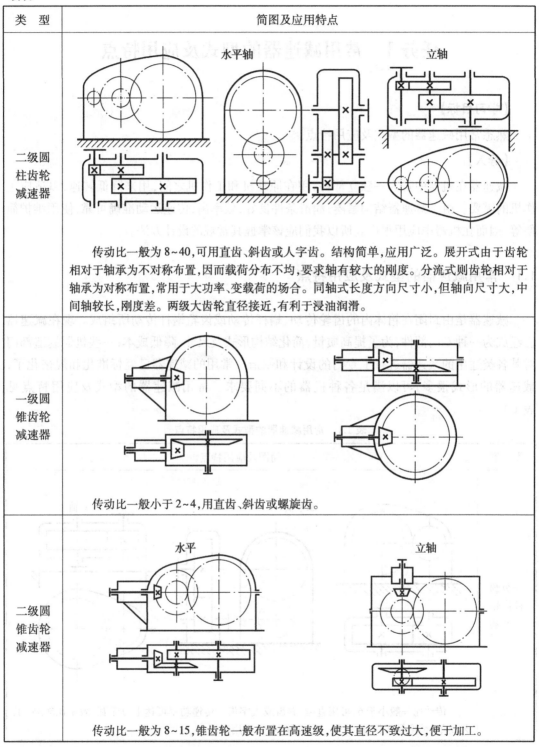 传动比一般为 8~40,可用直齿、斜齿或人字齿。结构简单,应用广泛。展开式由于齿轮相对于轴承为不对称布置,因而载荷分布不均,要求轴有较大的刚度。分流式则齿轮相对于轴承为对称布置,常用于大功率、变载荷的场合。同轴式长度方向尺寸小,但轴向尺寸大,中间轴较长,刚度差。两级大齿轮直径接近,有利于浸油润滑。
一级圆锥齿轮减速器	传动比一般小于 2~4,用直齿、斜齿或螺旋齿。
二级圆锥齿轮减速器	传动比一般为 8~15,锥齿轮一般布置在高速级,使其直径不致过大,便于加工。

类 型	简图及应用特点
一级蜗杆减速器	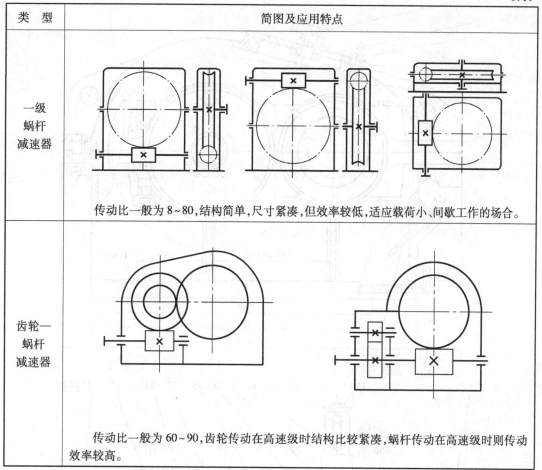 传动比一般为8~80,结构简单,尺寸紧凑,但效率较低,适应载荷小、间歇工作的场合。
齿轮—蜗杆减速器	传动比一般为60~90,齿轮传动在高速级时结构比较紧凑,蜗杆传动在高速级时则传动效率较高。

1.2 减速器的结构组成

减速器主要由传动零件(齿轮或蜗杆等)、轴、轴承、箱体及其附件所组成。图1.1所示为一级圆柱齿轮减速器的结构图,本书重点介绍一级圆柱齿轮减速器的设计计算,下面以图1.1为例介绍减速器的结构组成及附件的名称和作用,结构设计计算详见项目5。

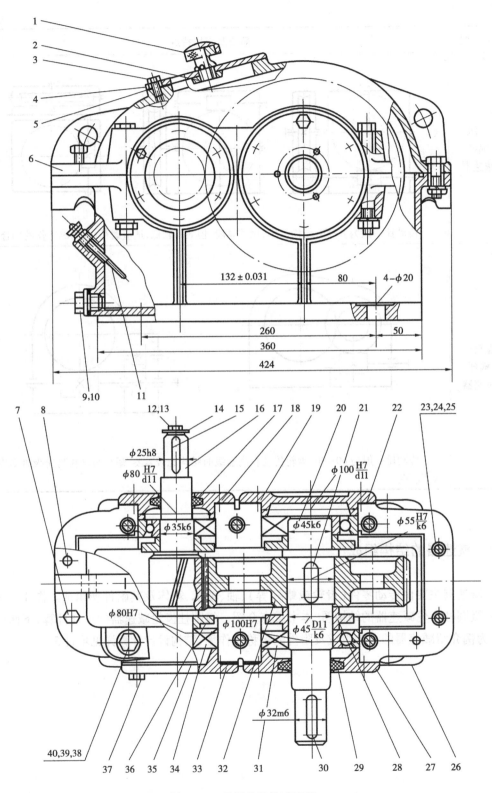

图 1.1　一级圆柱齿轮减速器

（1）齿轮、轴及轴承组合

1）齿轮结构

图中小齿轮与高速轴制成一体，称为齿轮轴（件号 16）。这种结构用于齿轮的齿根圆直径 d_f 与齿轮配合的轴的直径 d 相差很小，即（$d_f < 1.8 d$）时，大齿轮（件号 32）和低速轴（件号 20）分开制造。

2）轴和轴上零件的轴向定位和固定

轴两端采用角接触球轴承（件号 31,34）作为支承，承受径向载荷和轴向载荷并限制了轴的双向轴向移动。轴上零件利用轴肩、轴套（件号 28）和轴承盖（件号 18,19,27,33）作轴向固定，轴承间隙用垫片进行调整。

3）轴上零件的周向固定

大齿轮和低速轴用平键（件号 21）做周向固定，滚动轴承和轴用过盈配合做周向固定。

4）齿轮和轴承的润滑

齿轮采用浸油润滑，即靠大齿轮浸入箱体内的油池中，当齿轮转动时，将润滑油带到啮合表面进行润滑。轴承采用飞溅润滑，即靠齿轮溅起的润滑油被甩到箱盖内壁上，顺着箱盖内壁流入箱座的油槽中，再沿油槽经轴承盖上的缺口进入轴承内进行润滑。

5）滚动轴承的密封

为防止在轴外伸端处润滑油流失以及防止外界灰尘、水分等浸入轴承，采用了毡圈（件号 17,29）进行密封。因斜齿轮有轴向排油作用，迫使润滑油冲向轴承，为防止润滑油冲刷轴承，增加搅油损失，同时为防止热油冲刷轴承，使轴承温度增高，轴承内侧装有封油环（件号 28）。

（2）箱体

箱体是减速器中的基础零件，用来支持和固定轴系零件，保证传动零件的啮合精度、良好润滑及密封的重要零件，其重量约占减速器总重量的 50%。因此，箱体的结构对减速器的工作性能、加工工艺、材料消耗、重量及成本等具有很大的影响，设计时必须全面考虑。

1）箱体的常用材料

箱体通常用中等强度的灰铸铁铸成，重型减速器用高强度铸铁或铸钢铸造，图 1.2 中箱体（件号 6、26）是由灰铸铁铸造成的。目前，国内外大、中型减速器或减速器在单件生产以及小批生产中，常应用钢板焊成的箱体（见图 1.2）。焊接箱体比铸造箱体轻 1/4~1/2，生产周期短，但是焊接时容易产生热变形，故要求较高的技术，并应在焊后退火处理。

2）箱体的结构

①为了增加箱体的刚度，可在箱体上轴承座孔附近做出加强筋。如加强筋做在箱体里面（内筋），刚度大，减速器外表美观，但会阻碍润滑油的流动，并增加搅油时的能量损耗，工艺也较复杂。

②为了便于轴系部件的安装和拆卸，箱体通常做成沿轴心线水平剖分式。图 1.2 中箱体由箱座（件号 26）及箱盖（件号 6）两部分组成。箱座及箱盖用螺栓（件号 23—25、38—40）连成一体，轴承座附近的螺栓应尽量靠近轴承孔，以提高连接刚度。要合理布置螺栓的位

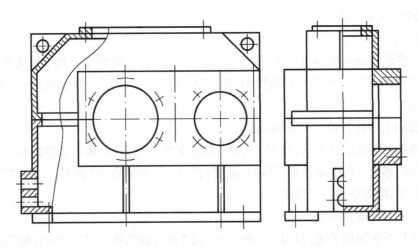

图 1.2　焊接箱体

置,并注意留出扳手空间。

③为保证箱座和箱盖相互位置的准确性,用两个圆锥定位销(件号 8)定位。为保证齿轮轴线处于正确位置,箱体上轴承孔应按一定精度要求镗出。

④在现代的箱体造型设计中,出现了下列趋势,几何形状简单(图 1.3),大部分由直线、平面构成;箱体没有外凸部分,使减速器在传动的总体布局易于布置;箱盖和箱座连接时不用外凸缘(剖面 C—C);装地脚螺栓用的底脚不超出箱体的外廓;加强筋采用内筋;起吊减速器箱盖采用吊耳;增大储油空间等。这种结构,外形整齐美观,但也存在某些公认的缺点,如重量大、造型费工、内部清理和涂漆困难等。为了减少上述缺点,在中小尺寸的减速器中,可只在箱体内低速轴轴孔旁加加筋板,以减少筋片数。

(3)减速器的主要附件

1)检查孔

为检查传动零件的啮合情况,并向箱体内注入润滑油,应在箱体的适当位置设置检查孔。图 1.3 中检查孔为长方形,设置在箱盖顶部能够直接观察到齿轮啮合部位的地方,其大小应允许将手伸入检查孔内,以便检查齿轮啮合情况。平时检查孔用检查盖(件号 4)、垫片(件号 5)和螺钉加以封闭,以防润滑油向外渗漏和不洁之物进入箱体。

2)放油螺塞

换油时,为排放污油和清洗剂,应在箱体底部,油池的最低位置处开设放油孔(油池的底面最好做成向放油孔倾斜 1°～1.5°),如图 1.3 中所示。平时放油孔用带有细牙螺纹的螺塞(件号 9),封油垫(件号 10)把孔封闭,以防漏油。

3)油面指示器

为检查减速器内油池油面的高度,以确保油池内油量适当,一般在箱体便于观察、油面较稳定的部位装设油面指示器。油面指示器有油标和油尺两类。图 1.3 中采用的油面指示器为油尺(件号 11)。

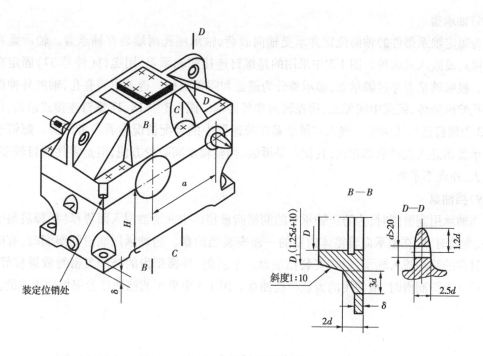

图 1.3 箱体的现代造型

4）通气器

减速器长时间运转后，箱体内油温会升高，使箱体气体膨胀，压力增大。为使箱体内受膨胀的空气能自由地排出，以保持箱体内外压力平衡，防止润滑油从箱体分界面和外伸轴密封处泄漏，通常在箱体顶部或观察孔盖上安装通气器。图 1.3 中采用的通气器（件号 1）结构较简单，用于工作环境较为清洁的场合。

5）定位销

为了保证箱盖和箱座的装配精度，以保证每次拆装后，轴承座的上、下半孔始终保持制造加工时的精度，应在精加工轴承孔前，在箱盖和箱座的连接凸缘上装配定销。减速器中定位销要成对使用，相距尽量远些，以提高定位精度。定位销不应对称于箱体对称轴布置，以免装错（尤其对完全对称的蜗杆减速器）。定位销长度应稍大于箱盖和箱座凸缘厚度之和，以便于拆装。图 1.3 中圆锥形定位销（件号 8）安装于箱体两侧的连接凸缘上。

6）启盖螺钉

为便于开启箱盖，常在箱盖连接凸缘的适当位置，加工出 1~2 个螺孔，旋入启盖用的圆柱端或平端的启盖螺钉。旋动启盖螺钉便可将上箱盖顶起，小型减速器也可以不设启盖螺钉。图 1.3 中启盖螺钉安装在箱盖左侧凸缘处（件号 7）。

7）起吊装置

为了便于搬运，在箱体上铸有吊钩，为了吊起箱盖，在箱盖上铸有吊耳或装有吊环螺钉。图 1.3 中箱座左右两端铸有吊钩，箱盖左右两端铸有吊耳。

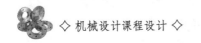

8）轴承盖

为固定轴系部件的轴向位置并承受轴向载荷,轴承座孔两端装有轴承盖。轴承盖有螺钉连接式及嵌入式两种。图 1.3 中采用的是螺钉连接式轴承盖,用螺钉(件号 37)固定在箱体上。根据轴是否穿过轴承盖,轴承盖分为透盖和闷盖两种。透盖中间有孔,轴的外伸端穿过此孔伸出箱体,闷盖中间无孔,用在轴的非外伸端。图 1.3 中 18、27 螺钉连接式透盖,件号 19、33 为螺钉连接式闷盖。嵌入式轴承盖在减速器中的装配情况参看参考图例。螺钉连接式轴承盖和嵌入式轴承盖相比,其优点是拆装、调整轴承间隙较方便,但是零件数目较多,尺寸较大,外观不平整。

9）挡油盘

当轴承用润滑脂时,为防止轴承中的润滑脂被箱体中润滑油浸入而稀释(稀释后易于流失)或变质时,应在轴承向着箱体内壁的一面安装挡油盘。当轴承用润滑油湿润时,有时为防止过多的热油流入轴承,也需安装挡油盘。车制的、外圆带齿的挡油盘密封效果较好,当轴承用润滑脂润滑时,最常用的为该种挡油盘。图 1.3 中采用的挡油盘为钢板冲压成的。

任务 2　常用减速器的系列化参数及其选择

【学习目标】

熟悉已经制定了的常用减速器标准和规范;

熟悉常用减速器主要参数的选取。

【导入】

由于减速器应用很广,常用减速器已经制定了标准和规范,因此它的一些参数也已经系列化或有通行的规范,这样就给设计和制造带来很大的方便。在设计成批生产减速器时,应该尽量采用这些参数。常用减速器的主要参数为:中心距 a、模数 m、齿数 z、传动比 i、齿宽系数 ψ_d 及螺旋角 β,蜗杆减速器还有特性系数 q。下面列出常用减速器的系列化参数,供设计时参考。

2.1　中心距 a

中心距 a 越大,传动尺寸也越大,它的大小直接影响传动的负载大小。按标准系列设计多级减速器时,因为各级中心距已经系列化,设计时先计算低速级 a_s,然后按系列值圆整中心距,高速级 a_f 可由系列值查取,最后验算高速级齿轮的强度。常见圆柱齿轮减速器的中心距系列见表 1.2 所示。

表1.2　圆柱齿轮减速器的中心距系列　　　　　　　　　/mm

类型	中心距符号	中心距
一级	a	100,150,200,250,300,350,400,450,500,600,700
二级	高速级 a_f	100,150,175,200,250,300,350,400,450,500
	低速级 a_s	150,200,250,300,350,400,450,500,600,700,800

2.2　模数 m

对于圆柱齿轮建议取 $m_n = (0.01 \sim 0.02)a$，这个关系能保证齿轮一定的弯曲强度，当分度圆一定时，模数与齿数有一定的关系，两者须结合考虑。常用减速器齿轮模数系列见表1.3所示。

表1.3　齿轮模数系列　　　　　　　　　　/mm

第一系列	1,1.25,1.5,2,2.5,3,3.5,4,5,6,7,8,9,10,12,16,20,25,32,40,50
第二系列	1.75,2.25,2.75,(3.25),3.5,(3.75),4.5,5.5,(6.5),7.9,(11),14,18,22,28,(30),36,45

注：1.对于斜齿圆柱齿轮是指法向模数；

　　2.选用模数时，应该优先采用第一系列，其次是第二系列，括号内的模数值尽可能不用；

　　3.模数为1 mm时，属于小模数齿轮的模数系列。

2.3　传动比 i

通常，设计要求中未规定转速的允许误差范围时，传动比一般允许误差的范围为±3% ～5%。常用减速器的传动比及其分配数值可查阅表2.1和表1.4。

表1.4　常用减速器的传动比系列

一级传动	2.24,2.5,2.8,3.15,3.55,4,4.5,5,5.6,6.3

2.4　齿数 z

在设计减速器时，当中心距已经确定以后，齿数多模数小，则能增加重迭系数，改善传动平稳性，但齿数多模数小，又会降低轮齿的弯曲强度。而齿数选取的太小又会产生根切，因此，在标准圆柱齿轮传动中，通常选取小齿轮的齿数 $z_1 = 19 \sim 40$。注意小齿轮的齿数不能小于最少齿数，即：

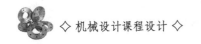

$$z_1 \geq z_{\min} = 17。$$

2.5 齿宽系数 ψ_d

齿轮越宽,承载能力越高,可以减小传动尺寸,但齿轮过宽,影响载荷沿齿宽分布的均匀性。通常:

轻型减速器 $\psi_d = 0.2 \sim 0.4$;

中型减速器 $\psi_d = 0.4 \sim 0.6$;

重型减速器 $\psi_d = 0.8$;

特殊情况下 $\psi_d = 1 \sim 1.2$(例如,人字齿);

当 $\psi_d \geq 0.4$ 时,一般采用斜齿或人字齿。

2.6 螺旋角 β

斜齿圆柱齿轮的螺旋角一般为 $\beta = 8° \sim 15°$,通常取 $8°6'34''$。这样齿数和一般能达到 99 和 99 的倍数,且每个齿轮的齿数多为质数,从而能使轮齿磨损均匀。

任务3　参考设计题目

【学习目标】

熟悉课程设计中常见的具有典型意义的参考设计题目。

【导入】

课程设计中能够参考的题目很多,但是针对高职高专教育"以应用为目的,以必须够用为度,以讲清概念、强化应用为教学重点"的要求,根据本课程教学的需要,我们选择了如下三个题目,提供师生参考。

题目1　设计压碎机的传动装置(含一级斜齿圆柱齿轮减速器)

工作条件与技术要求:

①该传动装置用于双滚式压碎机的传动系统中;

②压碎机两班制工作,单向回转,使用限期为 8 年;

③工作中有较大的冲击,压碎机滚子转速允许误差为±5%。

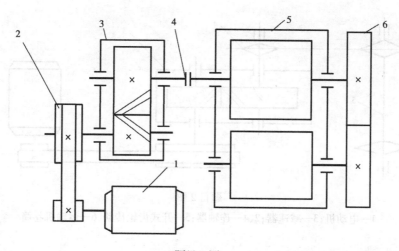

题目1图

1—电动机;2—带传动;3—减速器;4—连轴器;5—碎料箱;6—开式齿轮传动

原始数据	设计方案				
	1	2	3	4	5
压碎箱滚子轴转速/(r·min⁻¹)	150	100	120	115	120
压碎箱输入轴所需功率/kW	4.0	2.8	1.1	4.0	5.2

题目2 设计运输机的传动装置(含一级斜齿圆柱齿轮减速器)

工作条件与技术要求:

①该传动装置用于输送煤炭的皮带运输机的传动系统中;

②运输机两班制工作,单向回转,使用限期为10年;

③工作中有轻微振动,卷筒转速允许误差为±5%。

原始数据	设计方案				
	1	2	3	4	5
卷筒轴转速/(r·min⁻¹)	60	48	52	55	60
卷筒轴所需功率/kW	2.9	3.2	4.2	5.5	6.0

题目3 设计提升机的传动装置(含一级斜齿圆柱齿轮减速器)

工作条件与技术要求:

①该传动装置用于煤库斗式提升机的传动系统中;

②提升机两班制工作,单向回转,使用限期为10年;

③工作中有中等冲击,斗轴转速允许误差为±5%。

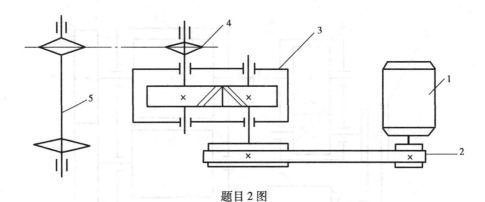

题目2图

1—电动机;3—减速器;2、4—连轴器;5—开式齿轮传动;6—运输机卷筒

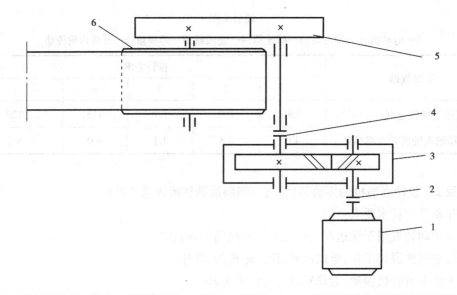

题目3图

1—电动机;2—带传动;3—减速器;4—链传动;5—斗轴

原始数据	设计方案				
	1	2	3	4	5
斗轴转速/(r·min^{-1})	60	65	65	60	80
斗轴所需功率/kW	2.8	3.3	4.5	5.8	6.3

项目 2

传动装置的总体设计

●项目概述

本项目是进行传动装置的总体设计,其目的是确定传动方案、选定电动机型号、合理分配传动比及计算传动装置的运动和动力参数,为计算各级传动件和设计绘制装配草图准备条件。

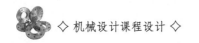

任务 1 分析或拟定传动装置方案

【学习目标】

1.在课程设计中,如由设计任务书给定传动装置方案时,则应了解和分析该种方案的特点;

2.在课程设计中,若只给定工作机的性能要求,则应根据各种传动的特点,确定出最佳的传动方案。

【导入】

传动装置是在原动机与工作机之间传递运动和动力,并借以改变运动的形式、速度大小和转矩大小的一系列装置,那么应该依据什么来确定具有最佳的传动方案的传动装置呢?

1.1 传动装置的组成

传动装置一般包括传动件(齿轮传动、蜗杆传动、带传动、链传动等)和支撑件(轴、轴承、箱体等)两部分。传动方案用机构运动简图表达,它能简单明了地表示运动和动力的传递方式、路线以及各部件的组成和连接关系。设计机械传动装置时,首先应根据它的生产任务、工作条件等拟定其传动方案,作总体布置,并绘制运动简图。传动方案是否合理,对整个设计质量的影响很大,因此它是设计中的一个重要环节。

1.2 合理的传动方案

合理的传动方案,首先应满足工作机的功能要求,工作可靠,同时还应考虑结构简单、尺寸紧凑、加工方便、成本低廉、传动效率高、便于使用和维护等。

例如图 2.1 为在狭小矿井巷道中工作的带式运输机在满足运动要求时的 3 种传动方案。显然,图 2.1(a)的方案宽度和长度尺寸都较大,而且带传动也不适应繁重的工作要求和恶劣的工作环境;图 2.1(b)的方案虽然结构紧凑,但在长期连续运转的条件下,由于蜗杆传动效率低,功率损失大,因此很不经济;图 2.1(c)的方案则宽度尺寸较小,也适应在恶劣环境下长期连续工作。

1.3 合理布置传动顺序

当采用由几种传动形式组成的多级传动时,要合理布置其传动顺序,通常应考虑以下几点:

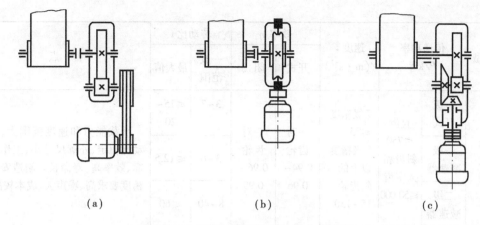

（a）　　　　　　　　（b）　　　　　　　　（c）

图 2.1　带式运输机的三种传动方案

①带传动的承载能力较低,在传递相同扭矩时,其结构尺寸比其他传动型式大,但传动平稳,能缓冲吸振,有过载保护作用,因此尽量放在传动装置的高速级。

②链传动运转不均匀,有冲击,不适于高速传动,宜布置在传动装置的低速级。

③蜗杆传动可以实现较大的传动比、结构紧凑、传动平稳,但效率低,适合于中、小功率,间歇运动的场合;当与齿轮传动同时应用时,通常将蜗杆传动布置在高速级,使其传递的扭矩较小,以减小蜗轮尺寸,节省有色金属,同时由于齿面相对滑动速度较高,易于形成油膜,传动效率较高。

④圆锥齿轮的加工比较困难,特别是大模数圆锥齿轮,因此圆锥齿轮传动,一般应放在高速级并能限制其传动比,以减小其直径和模数。

⑤斜齿轮传动的平稳性较直齿轮传动好,常用于高速级或要求传动平稳的场合。

⑥开式齿轮传动的工作环境一般较差,润滑条件不好,磨损较严重,应布置在低速级。常见机械传动的主要性能见表 2.1。

表 2.1　常见机械传动的主要性能

类 型	传递功率 P/kW	速度 v /(m·s⁻¹)	效率 η		传动比 i		特 点
			开式	闭式	一般范围	最大值	
普通 V 带传动	≤500	25~30	0.94~0.97		2~4	≤7	传动平稳、噪声小、缓冲吸振、结构简单、轴间距大、成本低。外廓尺寸大、传动比不恒定、寿命短
链传动 （滚子链）	≤100	≤20	0.90~0.93	0.95~0.97	2~6	≤8	工作可靠、平均传动比恒定、轴间距大、适应于恶劣的环境。瞬时速度不均匀、高速时不平稳、多用于低速传动

续表

类　型		传递功率 P/kW	速度 v /(m·s⁻¹)	效率 η		传动比 i		特　点
				开式	闭式	一般 范围	最大值	
圆柱 齿轮 传动	一级 开式	直齿 ≤750 斜齿和 人字齿 ≤50 000	7级精度 ≤25 5级精度 以上的 斜齿轮 15~130	一对 齿轮 0.94~ 0.96	一对 齿轮 0.96~ 0.99	3~7	≤15~ 20	承载能力和速度范围大、传 动比恒定、外廓尺寸小、工作可 靠、效率高、寿命长。制造安装 精度要求高、噪声大、成本较高
	一级 减速器					3~6	≤12.5	
	二级 减速器					8~40	≤60	
圆锥 齿轮 传动	一级 减速器	直齿 ≤1 000 曲线齿 ≤15 000	直齿≤5 曲线齿 5~40		一对 齿轮 0.94~ 0.98	2~3	≤6	
蜗杆 传动	二级 减速器	单头		0.70~ 0.75	10~40		≤80	结构紧凑、传动比大、传动平 稳、噪声小、效率比较低、制造 安装精度要求较高、成本较高
		双头		0.75~ 0.82				

任务 2　电动机的选择

【学习目标】

1.了解常用电动机的类型和型号；

2.能够根据工作机的特性、工作环境,工作载荷的大小和性质等条件,选择电动机的类型和型号。

【导入】

不同用途的工作机所需要的电动机是不同的,例如:对于连续工作的机器可采用一般用途的 Y 系列三相异步电动机;对于需频繁快速起动、制动和逆转的机器(例如起重、提升设备),要求电动机具有较小的转动惯量和较大的承载能力,这时应选用冶金及起重用 YZ(鼠笼型)或 YZR(绕线型)系列三相异步电动机等,还有可根据防护要求选择不同结构的电动机,同时还应该考虑成本较低等等因素,那么怎样才能正确选择合适的电动机的类型和型号呢?

2.1 选择电动机的类型

工业上应用最广泛的是三相异步电动机,它结构简单,制造、使用和维护方便,运行可靠,重量较轻以及成本较低。对于连续工作的机器可采用一般用途的 Y 系列三相异步电动机;对于需频繁快速起动、制动和逆转的机器(例如起重、提升设备),要求电动机具有较小的转动惯量和较大的承载能力,这时应选用冶金及起重用 YZ(鼠笼型)或 YZR(绕线型)系列三相异步电动机。电动机的结构有防护式、封闭自扇式和防爆式等,可根据防护要求选择。常用的 Y 及 YZ 系列三相异步电动机属于全封闭自冷式笼型三相异步电动机,其技术数据,外形和安装尺寸见附表10,电动机详细的技术特性和外形尺寸可参看有关产品目录和手册。

2.2 选择电动机的型号

(1)功率的确定

要选定电动机的额定功率,必须先确定工作机上的功率。

工作机轴上的功率(指工作机输入轴的功率):

①如果任务书中已经给出工作机输入轴上的功率,即可以它作为计算依据。如图 2.1 所示,已知带式工作机工作机输入轴的功率 P_W、机械传动装置的总效率 η,其电动机所需功率 P_d 为:

$$P_d = \frac{P_W}{\eta} \tag{2.1}$$

式中　P_d——电动机所需功率,kW;

　　　P_W——工作机所需功率,即工作机主动轴的输入的功率,kW;

　　　η——机械传动装置的总效率,即由电动机至工作机轴之间的总效率。

$$\eta = \eta_1 \cdot \eta_2 \cdot \eta_3 \cdot \eta_n \tag{2.2}$$

式中　$\eta_1, \eta_2, \cdots, \eta_n$——分别为电动机至工作机轴之间各级传动(如带传动、齿轮传动等)、
　　　　　　　　　　轴承、联轴器等的效率,其值见表 2.1 和表 2.2(详见附表2.2)。当
　　　　　　　　　　表中给出的效率值有一个范围时,一般取中间值;如工作条件差、加
　　　　　　　　　　工精度低、润滑为脂润滑或维护不良时,则应取低值;反之,则应取
　　　　　　　　　　高值。

②如果任务书中已给定工作机的工作阻力和运动参数,则可由任务书中给定的参数进行工作机所需功率 P_W 的计算。在课程设计中,可由任务书中已经给出的工作机工作阻力和运动参数(F, v, T, n_1, ω 等),按式(2.3)、式(2.4)、式(2.5)计算:

表 2.2　传动副的效率

传动副	效率 η
滚动轴承(每对轴承)	$0.98 \sim 0.999\ 5$
滑动轴承(每对轴承)	$0.97 \sim 0.99$
弹性连轴器	$0.99 \sim 0.995$
齿轮连轴器	0.99
万向连轴器	$0.97 \sim 0.98$
具有中间可动元件的连轴器	$0.97 \sim 0.99$

$$P_w = \frac{Fv}{1\ 000\eta} \tag{2.3}$$

$$P_w = \frac{Tn_1}{9\ 550\eta} \tag{2.4}$$

$$P_w = \frac{T\omega}{1\ 000\eta} \tag{2.5}$$

式中　F——工作机的工作阻力,N;

v——工作机卷筒的速度,m/s;

T——工作机的阻力矩,N·m;

n_1——工作机卷筒的转速,r/min;

ω——工作机卷筒的角速度,rad/s。

(2)电动机的额定功率 P

电动机的工作功率(电动机在稳定的工作情况下实际上所发出的功率)P,按式(2.1)计算:

$$P \geqslant P_d = \frac{P_w}{\eta} \tag{2.6}$$

对于载荷不变或很少变化,长期连续运转的机器,所选电动机的额定功率 P 应稍大于或等于电动机的工作功率 P_d,即 $P \geqslant P_d$。如工作功率略大于额定功率时,也可选用,此时电动机工作略有过载(过载不得大于 5%)。

对于重复短时工作的电动机或变载下长期工作的电动机,其额定功率的选择方法可参看有关资料。

(3)转速的确定

1)电动机的同步转速和额定功率

同一功率的电动机可以有几种同步转速。转速越高,则电动机的外形尺寸越小,重量越轻,价格越便宜,效率也越高。但是当工作机转速很低时,选择转速过高的电动机,就会使传动比过大,这时减速器的传动比也需要增大,从而使减速器的外形尺寸、重量、制造成本等也随之增大,同时减速器和电动机的外形尺寸相差悬殊,安装上也有困难。

2) 转速的确定

在课程设计中,如传动方案是给定的,因而其总传动比受到一定的限制,电动机的转速较易选定。主要考虑所选电动机对所设计的传动装置是否合适,即总传动比按指定的传动方案可以实现而传动装置的外廓尺寸又不过大,电动机的价格又比较低。因此,一般采用同步转速 1 500 r/min、1 000 r/min 的电动机,有时也采用同步转速 750 r/min 的电动机。但是如果还不符合要求时,也可使用其他转速的电动机。

电动机的额定功率及同步转速选定后,即可选定电动机的型号。其中,Y 系列电动机(JB 3074—82)的型号表示方法,例如:

Y100 L2—4(表示为异步电动机型号,机座中心高尺寸为 100 mm,长机座,功率序号为2,即功率为 3 kW,4 级。

Y 系列电动机(ZBK 22007—88)的型号表示方法如下(详见附表10.1):

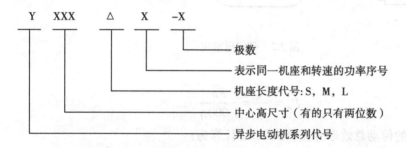

电动机选定后,应记住电动机的型号、额定功率、额定转速、外形尺寸,电动机的中心高、电机轴直径、键槽尺寸等,以备后用。在以后的设计计算中,一般以电动机的输出功率(即工作机所需功率)作为设计计算的依据,因为它是电动机在稳定工作情况下实际上所输出的功率。

例 2.1　如图 2.2 所示带式运输机传动方案,已知运输带的圆周力 $F = 10\ 000$ N,运输带速度 $v = 0.3$ m/s,卷筒直径 $D = 500$ mm,卷筒传动效率(不包括轴承)$\eta_5 = 0.96$,在室内常温下长期连续工作,环境有灰尘,电源为三相交流,电压 380 V,试选择合适的电动机。

解:

①选择电动机类型

按工作要求和条件,选用三相鼠笼型异步电动机,封闭式结构,电压 380 V,Y 型。

②选择电动机型号

电动机所需工作功率按公式(2.1)计算为:

$$P_d = \frac{P_w}{\eta}$$

由公式(2.3)计算为:

$$P_w = \frac{Fv}{1\ 000\eta}$$

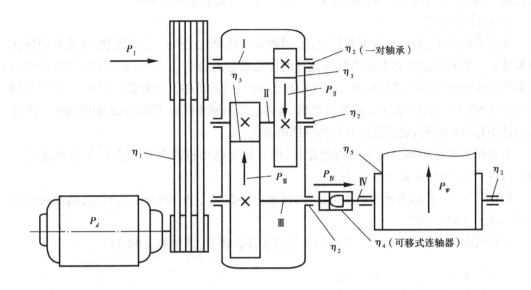

图 2.2 带式运输机

因此

$$P_d = \frac{P_w}{\eta} = \frac{Fv}{1\,000\eta}$$

由电动机至运输带的传动总效率 η 按公式(2.2)计算为:

$$\eta = \eta_1 \cdot \eta_2^4 \cdot \eta_3^2 \cdot \eta_4 \cdot \eta_5$$

式中(由表 2.2 查得): $\eta_1 = 0.96$、$\eta_2 = 0.98$、$\eta_3 = 0.97$、$\eta_4 = 0.99$、η_5 分别为带传动、轴承(滚子)、齿轮传动(齿轮精度为 8 级,不包括轴承效率)、连轴器(齿轮连轴器)和卷筒(已知)的传动效率。则

$$\eta = \eta_1 \cdot \eta_2^4 \cdot \eta_3^2 \cdot \eta_4 \cdot \eta_5 = 0.96 \times 0.98^4 \times 0.97^2 \times 0.99 \times 0.96 = 0.79$$

所以

$$P_d = \frac{P_w}{\eta} = \frac{Fv}{1\,000\eta} = \frac{10\,000 \times 0.3}{1\,000 \times 0.79}\text{kW} \approx 3.8 \text{ kW}$$

(4)确定电动机的转速

卷筒轴工作转速为

$$n = \frac{60 \times 1\,000v}{\pi D} = \frac{60 \times 1\,000 \times 0.3}{3.14 \times 500}\text{r/min} \approx 11.46 \text{ r/min}$$

按表 2.1 推荐的传动比合理范围,初取 V 带传动的传动比 $i_1' = 2 \sim 4$,齿轮传动 $i_2' = 8 \sim 40$,则总传动比合理范围为 $i' = i_1' \cdot i_2' = 16 \sim 160$,所以,电动机转速的合理范围为:

$$n_d' = i_n' = (16 \sim 160) \times 11.46 \text{ r/min} = 183 \sim 1\,834 \text{ r/min}$$

电动机详细的技术特性和外形及安装尺寸见附表 10,符合这一范围电动机的同步转速有 1 500 r/min,1 000 r/min,750 r/min。因此有 3 种传动比方案,见表 2.3。

表 2.3 传动比方案

| 传动比方案 | 电动机型号 | 额定功率/kW | 电动机转速/(r·min⁻¹) | | 电机重量/N | 参考价格/元 | 传动装置的传动比 | | |
			同步转速	满载转速			总传动比	V带传动	减速器
1	Y112 M—4	4	1 500	1 440	470	230	125.6	3.5	35.90
2	Y132 M1—6	4	1 000	960	730	350	83.77	2.8	29.92
3	Y160 M1—8	4	750	720	1 180	500	62.83	2.52	5.13

综合考虑电动机和传动装置的尺寸、重量、价格以及 V 带传动、减速器的传动比,从表2.3 中可见,方案 2 比较合适。

因此,选定电动机型号为 Y132 M1—6,其主要性能见表 2.4 和表 2.5。详细的技术特性和外形及安装尺寸见附表 10。

表 2.4 电动机型号 Y132 M1—6 的主要性能

| 型 号 | 额定功率/kW | 满 载 | | | | 启动电流 | 启动转矩 | 最大转矩 |
		转速/(r·min⁻¹)	电流(380 V)/A	效率/%	功率因数			
Y132 M1—6	4	960	9.4	84	0.77	6.5	2.0	2

表 2.5 电动机型号 Y132 M1—6 的主要外形及安装尺寸　　/mm

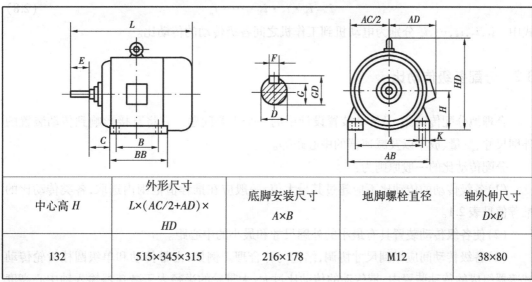

中心高 H	外形尺寸 L×(AC/2+AD)×HD	底脚安装尺寸 A×B	地脚螺栓直径	轴外伸尺寸 D×E
132	515×345×315	216×178	M12	38×80

任务 3　传动装置的总传动比及其分配

【学习目标】

1.电动机选定后,求得传动装置的总传动比;

2.合理地分配传动比。

【导入】

合理地分配传动比,是传动装置设计中的一个重要问题。因为它将直接影响到传动装置的外廓尺寸、重量、成本以及减速器的中心距等,因此,我们应该从哪些因素为主出发来考虑分配传动比呢?

3.1　总传动比

电动机选定后,根据电动机的满载转速 n 及工作机轴的转速 n_1(由任务书中直接给出或根据已知条件进行计算),可求得传动装置的总传动比 i,即

$$i = \frac{n}{n_1} \tag{2.7}$$

传动装置的总传动比等于各级传动比的连乘积,

$$i = i_1 \cdot i_2 \cdot i_3 \cdot \cdots \cdot i_n \tag{2.8}$$

式中　$i_1, i_2, i_3, \cdots, i_n$ 分别为电动机到工作机之间各级传动的传动比。

3.2　分配各级传动比

合理地分配传动比,是传动装置设计中的一个重要问题。它将直接影响到传动装置的外廓尺寸、重量、成本以及减速器的中心距等。

分配传动比的一般原则为:

(1)各级传动的传动比不应超过其最大值,一般应在推荐值范围内选取,各类传动比的推荐值见表2.1。

(2)使各级传动装置具有最小的外廓尺寸和最小的中心距。

(3)各级传动间应做到尺寸协调,结构匀称合理。例如,由带传动和单级圆柱齿轮传动减速器组成的传动装置中,带传动的传动比过大,大带轮的半径大于减速器输入轴中心高度时(图2.3),会造成尺寸不协调或安装不便。因此,由带传动和单级齿轮减速器组成的传动装置中,一般应使用带传动的传动比小于齿轮传动的传动比。

（4）各传动件彼此不应发生干涉现象。例如在两级圆柱齿轮减速器中,如高速级传动比过大,有可能使高速级齿轮与低速轴发生干涉(图2.4)。

（5）对于圆锥-圆柱齿轮减速器,为使大齿轮尺寸不致过大,以便于加工,一般应使高速级的圆锥齿轮传动比不大于3~4,或取:

$$i_z \approx (0.22 \sim 0.28)i$$

式中　i_z 为圆锥齿轮的传动比,当 i 大时,取小值。

（6）对于齿轮-蜗杆减速器(齿轮传动布置在高速级),为获得紧凑的箱体结构和便于润滑,通常取齿轮传动比

$$i \approx (0.03 \sim 0.06)i_w$$

式中　i_w 为蜗杆传动的传动比。

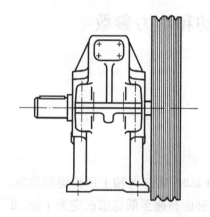

图2.3　大带轮与减速器尺寸不协调图

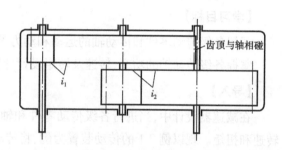

图2.4　高速级大齿轮与低速轴相碰

分配的传动比只是初步选定的数值,实际传动比要由传动件参数准确计算,例如齿轮传动为齿数比,带传动为带轮直径比。因此,工作机的实际转速,要在传动件设计计算完成后进行核算,如不在允许误差范围内,则应重新调整传动件参数,甚至重新分配传动比。通常,设计要求中未规定转速的允许误差范围时,传动比一般允许误差的范围为±3%~5%。

例2.2　数据同例2.1,试计算传动装置的总传动比,并分配各级传动比。

解: 根据例2.1计算已知电动机型号为 Y132 M1—6,满载转速 $n=960$ r/min。

（1）计算总传动比

由式(2.7)得:

$$i = \frac{n}{n_1} = \frac{960}{11.46} \approx 83.77$$

（2）分配传动装置的传动比

由式(2.8)得:

$$i = i_1 \cdot i_j$$

式中　i_1、i_j 分别为 V 带传动和减速器的传动比。

为使 V 带传动外廓尺寸不至于过大,初取 $i_1 = 2.8$ (实际的传动比要在设计 V 带传动时,

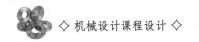

由所选大、小带轮的直径之比计算),则减速器的传动比为:

$$i_j = \frac{i}{i_1} = \frac{83.77}{2.8} \approx 29.92$$

(3)分配减速器的各级传动比

按展开式布置。考虑润滑条件,为使两级大齿轮直径相近,参考相关资料可取:

高速级:$i_2 = 6.95$

低速级:$i_3 = \dfrac{i_j}{i_2} = \dfrac{29.92}{6.9} \approx 4.34$

任务 4   计算传动装置的运动和动力参数

【学习目标】

了解各级传动零件和传动轴的运动和动力参数;

掌握各级传动轴的功率、转速及转矩设计计算。

【导入】

在减速器设计中,当进行各级传动零件和轴的设计计算时,需知各轴上所传递的功率、转速和扭矩。现以例 2.1 的传动装置为例,将传动装置各轴由高速至低速依次定为 Ⅰ 轴、Ⅱ 轴……,以及 i_1、i_2、i_3,试说明各轴的功率、转速及转矩的计算方法。

4.1   各轴的功率

功率计算方法有两种:

(1)各轴功率按工作机所需功率及传动效率进行计算。

(2)各轴功率按电动机的额定功率及传动效率进行计算。

前一种方法计算出的各轴功率是实际传递的功率,因而设计出的各零件结构较紧凑,一般用于专用机器传动装置的设计;后一种方法计算出的各轴功率一般较实际传递的功率要大一些,因而结构不够紧凑,但承受过载的能力要强一些,一般用于通用机器传动装置的设计。课程设计中,一般按专用机器进行设计。

(3)各轴的功率(机械的传动效率见表 2.1、表 2.2):

Ⅰ轴的输入功率　　　　　　　　$P_1 = P_d \cdot \eta_1$ kW

Ⅱ轴的输入功率　　　　　　　　$P_2 = P_1 \cdot \eta_2 \cdot \eta_3$ kW

Ⅲ轴的输入功率　　　　　　　　$P_3 = P_2 \cdot \eta_2 \cdot \eta_3$ kW

Ⅳ轴的输入功率　　　　　　　　$P_4 = P_3 \cdot \eta_2 \cdot \eta_4$ kW

4.2　各轴的转速

各轴的转速按电动机的满载转速及传动比进行计算。

Ⅰ轴的转速　　　　　　$n_1 = \dfrac{n}{i_1}$ r/min

Ⅱ轴的转速　　　　　　$n_2 = \dfrac{n_1}{i_2} = \dfrac{n}{i_1 \cdot i_2}$ r/min

Ⅲ轴的转速　　　　　　$n_3 = \dfrac{n_2}{i_3} = \dfrac{n}{i_1 \cdot i_2 \cdot i_3}$ r/min

Ⅳ轴的转速　　　　　　$n_4 = n_3$ r/min

4.3　各轴的转矩

根据电动机的转矩 $\left(T_d = 9\ 550\dfrac{P_d}{n}\ \mathrm{N \cdot m} \right)$，得各轴的转矩为：

Ⅰ轴的输入转矩　　　　　　$T_1 = T_d \cdot i_1 \cdot \eta_1$ N·m

Ⅱ轴的输入转矩　　　　　　$T_2 = T_1 \cdot i_2 \cdot \eta_2 \cdot \eta_3$ N·m

Ⅲ轴的输入转矩　　　　　　$T_3 = T_2 \cdot i_3 \cdot \eta_2 \cdot \eta_3$ N·m

Ⅳ轴的输入转矩　　　　　　$T_4 = T_3 \cdot \eta_2 \cdot \eta_4$ N·m

应该注意：同一轴的输出功率（或转矩）与输入功率（或转矩）的数值不同，因为有滚动轴承的功率损耗，因此，需要精确计算时应该取不同的数值。同样，一根轴的输出功率（或转矩）与下一根轴的输入功率（或转矩）的数值不同，因为有传动件的功率损耗。

例如：Ⅰ轴的输出功率为 $p'_1 = P_1 \cdot \eta_2$、而Ⅱ轴的输入功率为 $P_2 = P_1 \cdot \eta_2 \cdot \eta_3$，所以，在计算时也必须区分。

例 2.3　同前例条件，计算传动装置各轴的运动和动力参数。

解：根据已知条件，分别进行计算如下：

（1）各轴的功率

Ⅰ轴的输入功率 $P_1 = P_d \cdot \eta_1 = 3.8 \times 0.96 \approx 3.65$ kW

Ⅱ轴的输入功率 $P_2 = P_1 \cdot \eta_2 \cdot \eta_3 = 3.65 \times 0.98 \times 0.97 = 3.47$ kW

Ⅲ轴的输入功率 $P_3 = P_2 \cdot \eta_2 \cdot \eta_3 = 3.47 \times 0.98 \times 0.97 = 3.30$ kW

Ⅳ轴的输入功率（卷筒轴）$P_4 = P_3 \cdot \eta_2 \cdot \eta_4 = 3.30 \times 0.98 \times 0.99 = 3.20$ kW

Ⅰ～Ⅲ轴的输出功率则分别为输入功率乘轴承效率，如Ⅰ轴的输出功率为：

$P'_1 = P_1 \cdot \eta_2 = 3.65 \times 0.98 = 3.58$ kW，其余类推。

（2）各轴的转速

Ⅰ轴的转速　　　　　　$n_1 = \dfrac{n}{i_1} = \dfrac{960}{2.8} = 342.86$ r/min

Ⅱ轴的转速 $\quad n_2 = \dfrac{n_1}{i_2} = \dfrac{342.86}{6.95} \approx 49.33 \text{ r/min}$

Ⅲ轴的转速 $\quad n_3 = \dfrac{n_2}{i_3} = \dfrac{49.33}{4.31} \approx 11.45 \text{ r/min}$

Ⅳ轴的转速 $\quad n_4 = n_3 = 11.45 \text{ r/min}$

(3)各轴的转矩

根据电动机的转矩 $\left(T_d = 9\ 550 \dfrac{P_d}{n} = 9\ 550 \times \dfrac{3.8}{960} = 37.80 \text{ N} \cdot \text{m} \right)$,得各轴的转矩为:

Ⅰ轴的输入转矩 $T_1 = T_d \cdot i_1 \cdot \eta_1 = 37.80 \times 2.8 \times 0.96 = 101.61 \text{ N} \cdot \text{m}$

Ⅱ轴的输入转矩 $T_2 = T_1 \cdot i_2 \cdot \eta_2 \cdot \eta_3 = 101.61 \times 6.95 \times 0.98 \times 0.97 = 671.30 \text{ N} \cdot \text{m}$

Ⅲ轴的输入转矩 $T_3 = T_2 \cdot i_3 \cdot \eta_2 \cdot \eta_3 = 671.30 \times 4.31 \times 0.98 \times 0.97 = 2\ 750.37 \text{ N} \cdot \text{m}$

Ⅳ轴的输入转矩 $T_4 = T_3 \cdot \eta_2 \cdot \eta_4 = 2\ 750.37 \times 0.98 \times 0.99 = 2\ 668.41 \text{ N} \cdot \text{m}$

Ⅰ~Ⅲ轴的输出转矩则分别为输入转矩乘轴承效率,如Ⅰ轴的输出转矩为

$T_1' = T_1 \cdot \eta_2 = 101.61 \times 0.98 = 99.58 \text{ N} \cdot \text{m}$,其余类推。

为了以后使用方便,可将以上算得的运动和动力参数列表2.6如下:

表2.6　各轴的运动和动力参数

轴　名	功率 P/kW		转矩 T/(N·m)		转速 n /(r·min^{-1})	传动比 i	效率 η
	输入	输出	输入	输出			
电机轴		3.80		37.80	960	2.8	0.96
Ⅰ轴	3.65	3.58	101.61	99.58	342.86	6.95	0.95
Ⅱ轴	3.47	3.40	671.30	657.87	49.38		
Ⅲ轴	3.30	3.23	2 750.37	3 695.36	11.45	4.31	0.95
Ⅳ轴 (卷筒轴)	3.20	3.14	2 668.41	2 615.04	11.45		

项目 3

传动零件的设计计算

● 项目概述

本项目完成传动零件的设计计算,包括确定各级传动零件的材料、主要参数及其结构尺寸,为绘制装配草图做好准备工作。

一般先设计计算减速器外的传动零件(如带传动、链传动和开式齿轮传动等),这些传动零件的参数确定以后,减速器外部传动的实际传动比即可确定;然后应检查开始计算的运动及动力参数有无变化,如有变动,应作相应的修改;再进行减速器内各轴转速、扭矩及传动零件的设计计算,这样计算所得传动比误差较少,各轴扭矩的数值也较为准确;最后进行减速器内传动零件的设计计算。

各类传动零件的设计计算方法均按教材所述。下面仅就对传动零件的设计计算要求和应注意的问题作简要提示。

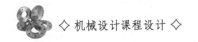

任务 1　减速器以外传动零件的设计要点

【学习目标】

1.了解减速器以外传动零件的设计计算要求;

2.掌握减速器以外传动零件的设计方法。

【导入】

例如:例 2.1 带式运输机传动装置,减速器以外传动零件是 V 带传动,减速器内传动零件是圆柱齿轮传动。因此首先设计计算 V 带传动,然后进行圆柱齿轮传动的设计计算。下面将分别介绍其设计计算的内容简要。

通常,由于设计学时数的限制,减速器以外的零件只需确定其主要参数和尺寸,不进行详细的结构设计。装配图上一般不画外部传动零件。

1.1　普通 V 带传动

(1)设计普通 V 带传动所需的已知条件主要有:原动机的种类和所需传动的功率,主动轮和从动轮的转速(或传动比),工作要求及外廓尺寸要求。设计内容包括:确定 V 带型号、长度和根数;带轮的材料和结构,传动中心距以及轴上压力的大小和方向,并计算带传动的实际传动比和传动的张紧装置等。

(2)在 V 带传动的主要尺寸确定后,应检查其尺寸在传动装置中是否合适,例如图 2.2所示的传动装置中,小带轮直接装在电动机轴上,应检查小带轮顶圆半径是否小于电动机中心高 H;大带轮装在减速器输入轴上,应检查大带轮直径是否过大而与机架相碰;还应检查带传动中心距是否合适,电动机与减速器是否会发生干涉现象等。在确定带轮宽度与轮毂宽度时,应参考带轮结构。带轮轮毂孔径,应根据带轮安装情况分别考虑,例如图 3.1 所示,

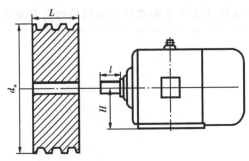

图 3.1　小带轮直接装在电动机轴上

小带轮直接安装在电动机轴上,其轮毂孔径应等于电动机轴伸直径,大带轮装在减速器输入轴上,其轮毂孔径应等于减速器输入轴端直径。

（3）最后应画出与减速器输入轴相配合的带轮的结构草图,标明主要尺寸(如带轮宽、轮毂宽等),以备用。

1.2　链传动

除与带传动各点类似外,还注意:

（1）当用单列链尺寸过大时,应改选双列或多列链,以尽量减小节距;

（2）应选定润滑方式和润滑剂牌号;

（3）画链轮结构草图,但链轮齿形可不画。

1.3　开式齿轮传动

（1）开式齿轮一般只需计算轮齿弯曲强度,为考虑磨损,应将求得的模数加大 10% ~ 20%,而在进行轮齿弯曲强度核验计算时,则应将模数减小 10% ~ 20%;

（2）开式齿轮用于低速时,采用直齿。由于润滑和密封条件差,灰尘大,要注意材料配对,使其有较好的减摩和耐磨性能,大齿轮材料的选择应考虑毛坯的制造方法;

（3）开式齿轮支承刚度较小,齿宽系数应取小些,以减轻轮齿载荷集中;

（4）画出齿轮结构图,标明与减速器输出轴轴伸相配合的轮毂尺寸备用;

（5）检查齿轮尺寸与传动装置和工作机是否相称,并由齿数计算实际传动比,考虑是否需要修改减速器的传动比要求。

任务 2　减速器以内传动零件的设计要点

【学习目标】

1.了解减速器以内传动零件的设计计算要求;

2.掌握减速器以内传动零件的设计方法。

【导入】

减速器外部的传动零件设计计算完成后,应检查开始计算的运动及动力参数有无变化,如有变动,应作相应的修改,再进行减速器内传动零件的设计计算。各类传动零件的设计计算方法均按教材所述。下面仅就对传动零件的设计计算要求和应注意的问题作简要提示。

2.1 圆柱齿轮传动

软齿面闭式齿轮传动齿面接触疲劳强度较低,可先按齿面接触疲劳强度条件进行设计,确定中心距或小齿轮分度圆直径后,选择齿数和模数,然后校核轮齿弯曲疲劳强度。硬齿面闭式齿轮传动的承载能力主要取决于轮齿弯曲疲劳强度,常按轮齿的弯曲强度条件进行设计,然后校核齿面接触疲劳强度。具体方法和步骤可参考教材,设计时应注意以下几点:

(1)选择齿轮材料时,要注意毛坯制造方法,当齿轮齿顶圆直径 $d_a \leq 500$ mm 时,可以采用锻造或铸造毛坯;当 $d_a > 500$ mm 时,多用铸造毛坯,制作成轮辐式结构。小齿轮齿根圆直径与轴径接近,或齿根圆到键槽底部的径向距离 $x < 2.5$ mn 时,齿轮与轴可制成一体,材料应兼顾轴的要求。同一减速器的各级小齿轮(或大齿轮)的材料应尽可能一致,以减少材料号和工艺要求;

(2)应用齿轮强度计算公式时,载荷和几何参数一般使用小齿轮输出转矩 T_1 和直径 d_1 表示,因此不论强度计算是针对小齿轮还是大齿轮的,公式中的转矩均应为小齿轮输出转矩,齿轮直径应为小齿轮直径,齿数为小齿轮齿数;

(3)对齿轮齿数的选取应注意不能产生根切,在满足强度要求的条件下尽可能取多一些,以增大重合度,提高齿轮传动的平稳性。小齿轮齿数和大齿轮齿数最好互为质数,以防止磨损和失效集中发生在某几个轮齿上;

(4)在齿宽系数 $\psi_d = b/d_1$ 中,b 为一对齿轮的齿宽,为了易于补偿齿轮轴向位置误差,使装配便利,常取小齿轮宽度 $b_1 = b + (5 \sim 10)$ mm,齿宽数值应进行圆整;

(5)圆柱齿轮传动的中心距 a、模数 m、齿数 z、传动比 i、齿宽系数 ψ_d 及螺旋角 β 等主要参数互相影响并保持一定的几何关系,设计时要不断调整,以便得到合理的最后数值。各级齿轮几何尺寸、参数的计算结果,可以整理列表备查;

(6)齿轮结构尺寸,如轮缘内径 D_1、轮辐厚度 c_1、轮毂直径 d_1 和长度 l 等,均应尽量圆整,以便于制造和测量。

2.2 圆锥齿轮传动

除参看圆柱齿轮传动的各点外,还需注意:

(1)圆锥齿轮以大端模数为标准,几何尺寸按大端模数计算;

(2)两轴交角为 90° 时,由传动比确定齿数后,分度圆锥角即由齿数比确定,应准确计算,不能圆整;

(3)圆锥齿轮的齿宽按 $\psi_R = b/R$ 求得,并进行圆整,且大小齿轮宽度应相等。

2.3 蜗杆传动

(1)蜗杆副材料要求有较好的跑合和耐磨损性能,选材料时要初估相对滑动速度。待蜗

杆传动尺寸确定后,应校核滑动速度和传动效率,如与初估值有较大出入,则应重新修正计算,其中包括材料选择是否恰当;

(2)蜗杆和蜗轮的螺旋线方向尽量取成右旋,以便加工。蜗杆转动方向由工作机转动方向及蜗杆螺旋线方向来确定;

(3)模数 m 和蜗杆分度圆直径 d_1 要符合标准规定。在确定 m、d_1、z_2 后,计算中心距应尽量圆整成尾数为 0 或 5;

(4)如有必要进行蜗杆强度及刚度验算或热平衡计算时,都要先画装配底图,确定蜗杆支点距离和机体轮廓尺寸以后才能进行;

(5)当蜗杆分度圆圆周速度 $v \leqslant 4 \sim 5$ m/s 时,一般将蜗杆下置,$v > 4 \sim 5$ m/s 时,将蜗杆上置;

(6)蜗杆和蜗轮的结构尺寸,除啮合尺寸外,均应适当圆整。

项目 4

滚动轴承的组件设计

●项目概述

　　绝大多数常用的中、小型减速器均采用滚动轴承作支承，只有在重型减速器中，才采用滑动轴承。本项目只介绍滚动轴承的组件设计。

●学习目标

　　1.了解滚动轴承的选用和设计；
　　2.掌握滚动轴承的组件设计。

●导入

　　减速器工作的可靠性，在很大程度上取决于轴承组件设计是否合理，轴承的安装和维护是否正确。滚动轴承组件设计包括以下两个方面的内容。

任务 1　滚动轴承组件设计的内容

1.1　滚动轴承的选择

（1）选择轴承的类型；

（2）选择轴承的尺寸（轴承型号）；

（3）选择轴承的精度等级。

1.2　滚动轴承组件的结构设计

在选择滚动轴承的同时，必须对轴承组件的结构，就以下各问题进行考虑：

（1）轴承在轴上的布置（结合轴的结构设计和受力分析，确定轴承安装位置以及每个轴承所受载荷的大小、方向和性质）；

（2）轴承座及轴承孔的补偿方法；

（3）轴的热膨胀的补偿方法；

（4）轴承游隙的调整方法（指可调整游隙的轴承）；

（5）轴承内圈及外圈的固定方法，轴承组件的轴向位置的调整；

（6）轴承的润滑（选择润滑剂的种类、确定给油的方法），关于减速器的轴承润滑常与齿轮润滑同时考虑；

（7）轴承的密封装置；

（8）轴颈和箱体轴承孔的公差配合和表面光洁度；

（9）轴承的安装与拆卸。

任务 2　滚动轴承的选择

2.1　选择轴承的类型

减速器中常用滚动轴承的类型、特点及适用条件见表 4.1 和附表 6。选择轴承类型时应考虑以下几点。

表 4.1　减速器中常用滚动轴承的类型、特点及适用条件

名　称	代　号	能承受负荷的方向	特点及适用条件	相对价格
单列向心球轴承	60000	主要承受径向负荷,也能承受一定的单向或双向轴向负荷	摩擦阻力小,极限转速高;结构简单,使用方便,应用最广泛。承受冲击负荷的能力及对轴的挠曲变形的适应能力较差。 适用于高速及主要承受径向负荷和刚性较大的轴上,在外壳孔和轴相对倾斜8°~16°时可正常工作,但将影响使用寿命。	1
单列向心短圆柱滚子轴承	N0000	承受径向负荷	承载能力比相同尺寸的球轴承大70%,且承受冲击负荷的能力高。内外圈可分离,同时内外圈在轴向可相对移动。对轴的偏斜很敏感,对轴的挠曲变形的适应性很低。允许内外圈轴线倾斜2°~4°	
单列向心推力球轴承	70000C $a=15°$ 70000AC $a=25°$ 70000B $a=40°$	可以同时承受径向负荷和轴向负荷,也可承受纯轴向负荷	能承受径向负荷及单向的轴向负荷。70000C型用于$F_r>F_a$,其余两种用于$F_r<F_a$时。通常用于转速较高、刚性较好,并同时承受径向和轴向负荷的轴上。通常成对使用,对称安装	1.47
单列圆锥滚子轴承	30000 接触角 $a=10°~18°$ 其他接触角	可以承受径向负荷和较大的单向轴向负荷,也可以承受纯轴向负荷	能承受很大的径向及单向轴向负荷。30000型用于$F_r>F_a$,其他型用于$F_r≤F_a$时。内外圈可分开,内部游隙可调,安装方便,应用广泛。但摩擦阻力大,允许极限转速较低;对安装误差或轴变形引起的偏斜非常敏感,允许偏斜角为2°。	1.14
单向推力球轴承	50000	承受单向的轴向负荷	有紧圈(与轴配合)与活圈(安装在轴承孔内,与轴有间隙),允许的极限转速很低,用于承受单向轴向负荷	1.13

注:选择轴承同时要考虑易于购得和价格便宜。

1)载荷的大小和方向

球轴承为点接触,承载能力较低;滚子轴承为线接触,承载能力较高。如果轴的支点上同时作用着径向和较大的轴向载荷,则一般采用向心推力轴承。但是,当同时作用着径向载荷和很大的轴向载荷时,可用向心轴承和推力轴承组合起来分别承受径向载荷和轴向载荷,这样常比安装一个尺寸的向心推力轴承来得经济。

2)转速的高低

球轴承的极限转速较高,滚子轴承的极限转速较低。

3)有无自动调心的要求

如果轴的两个轴承孔的同心度难以保证,或轴受载后轴线发生较大弯曲变形,或传动轴是多支点时,为使轴正常回转,这时应选用能自动调心的轴承,即球面轴承。球面轴承一定要成对使用并装在轴的两端。如果一端装球面轴承,另一端装非球面轴承,那么球面轴承将失去自动调心作用。

4)对轴的热膨胀补偿的要求(详见本项目3.4)

5)安装与拆卸时是否要求内、外圈可以分拆

对于 N0000、30000 型等轴承,在安装与拆卸时,内外圈可以分拆;对于 60000、10000、70000 型等轴承,在安装与拆卸时内、外圈不能分拆。

6)市场供应情况和价格

2.2　选择轴承的尺寸

轴承的尺寸大小,是用轴承的型号来表示的,当轴承类型选定之后,就要进一步确定轴承的型号。同一公称内径的轴承可以有几种不同的外径 D 和宽度 B。从特轻系列到重窄系列,承载能力逐渐增大。设计时,轴承尺寸可按以下步骤进行选择:

(1)根据轴颈的尺寸(要求尾数是 0 或 5)初步确定轴承的内径,同时初步选用中系列轴承,这样便于修改设计;

(2)确定每个轴承所受的径向载荷 F_r 和轴向载荷 F_a;

(3)确定当量动载荷 P;

(4)确定额定动载荷 C_r;

(5)选择轴承型号可以查滚动轴承目录或有关手册或附表 6,从所选的轴承类型中选择其额定动负荷 C_r 和计算的 C 最接近且稍大的轴承(同时应注意轴承的转速不应超过表中所列的极限转速),作为初步选定的型号。

(6)按结构要求进行必要的修改,所选轴承的内径应与已定的轴颈直径相符合,如不能满足这一要求,应采取下列措施:

1)轴承内径较大时:①将轴颈尺寸放大或在轴颈上加一适当厚度的衬套(如结构条件允许时);②选择尺寸较小的轴承(如允许缩短轴承使用期限时);③改选承载能力较高的另一种类型或系列的轴承(例如由球轴承改为滚子轴承,由轻窄系列改为中窄系列或重窄系列,由单列改为双列等)。

2)轴承内径较小时:①将轴颈尺寸缩小(如结构、轴的强度和刚度条件允许时);②改选尺寸较大的轴承(轴承使用年将延长,但减速器的重量和尺寸将增大);③改选承载能力较低的另一种类型或系列的轴承。

2.3 选择轴承的精度等级

轴承按基本尺寸精度和旋转精度,分为0、6、6x、5、4、2 六个等级。在普通减速器中一般采用0级精度的滚动轴承。各种类型的轴承均有0级精度。

2.4 选择轴承注意的事项

(1)在选择轴承时必然要联系到轴承的支承结构问题。例如轴承在轴上的布置、轴向力的传递、轴颈与轴承孔同心度的保证以及轴的热膨胀的补偿等。因此轴承选择和轴承的支承结构必须同时进行考虑,不应当选择好轴承以后再来设计支承结构。

(2)在选择轴承时,有时可拟定几个方案(例如装有斜齿圆柱齿轮的轴可以装在一对向心推力球轴承上,也可以装在一对圆锥滚子轴承上,如齿的倾斜角较小时,也可以装在一对单列向心球轴承上等),进行计算,最后比较,选择其中尺寸最紧凑、结构最合理、成本最低、而且易于买到轴承的一种方案。

(3)同一机器中所采用的轴承型号越少越好,这样可以减少轴承备件。如果在轴的两个支点上安装同一类型的轴承,但承受的载荷不同,通常只选择承受载荷较大的轴承,另一个轴承则选用同样的型号。

任务3 滚动轴承组件的结构设计

3.1 保证支承的刚度和同心度

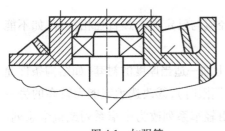

图4.1 加强筋

(1)轴承座必须有足够的刚度,因此:①箱体应有足够的厚度;②轴承孔壁厚应适当加大;③轴承座常设有加强筋以增加刚度(图4.1 所示)。

(2)为保证同一轴上各轴承孔的同心度,因此:①同一轴线上的各轴承孔应一次镗出;②对减速箱的剖分轴承孔,在加工前应先将箱盖及箱座用螺栓拧紧后再镗孔。为保证装配时的同心度,在箱体的接合面上设有定位销;③如两端轴承的外径不等,可在外径较小的轴承与轴承孔之间加适当厚度的套杯,这样可把轴承孔的尺寸取得一样,便于一次加工;④当两端轴承孔的同心度无法保证,或轴颈的中心线与轴承孔的中心线不能准确重合时,应采用自动调心轴承。

3.2 轴承内圈及外圈的固定

为了使轴和轴上零件在减速器中有确定的位置,并能承受轴向力,故轴承的内圈必须在轴上有轴向固定,轴承的外圈也必须在轴承座中沿轴向固定(游动支承除外)。

(1)固定方式

1)内圈的固定方式

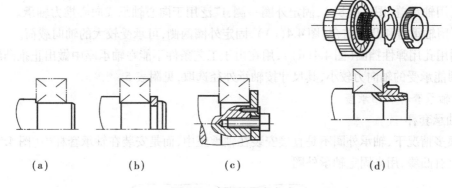

图4.2　内圈的固定方式

a.轴肩(图4.2(a)),内圈靠过盈配合紧固在轴上,一侧与轴肩接触,用于轴承只承受单方向的不大的轴向载荷时。

b.轴用弹性挡圈(图4.2(b)),用于轴向载荷不大而转速不高的场合,弹性挡圈的剖面为矩形,嵌入轴上的环形槽中,槽的尺寸和挡圈的尺寸按轴颈选取,可查附表5。

c.螺钉紧固轴端挡圈(图4.2(c)),挡圈用螺钉及特殊圆柱销固定在轴端,可用于承受双向的中等轴向力,尺寸可查附表5。

d.圆螺母及圆螺母用止推垫圈(图4.2(d)),垫圈有内舌,安装时插入轴上纵向槽中,拧紧螺母后,将垫圈的外舌折弯嵌入螺母的槽中,可防止螺母松动。这种装置用于轴承转速较高,轴向载荷较大且方向变化的情况。螺母和垫圈的尺寸按轴径选取,见附表5。

当轴向载荷很大时,有时用两个圆螺母来固定内圈,这时如果要靠内圈来调整轴承间隙,应在两个圆螺母间装一止推垫圈,当主螺母调整好正确位置后,用止推垫圈防止其松动,再旋紧副螺母时,主螺母就不会随之转动。

e.紧定衬套(图4.3),对光轴可采用紧定衬套、圆螺母及止推垫圈来作为紧固装置。用于10000型双列向心球面轴承(GB/T 281—94),圆螺母及防松垫圈的尺寸按紧定衬套的螺纹部分的尺寸选取。

f.轴套,在位置已经固定的其他零件(如齿轮、连轴器等)和轴承内圈间加一轴套即可使内圈单方向固定。轴套使用方便,因此在减速器中应用很广泛。

2)外圈的固定方式

a.利用箱体或套杯上的凸缘(图4.4(a)),固定外圈一侧。

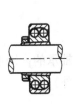

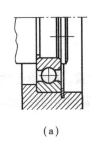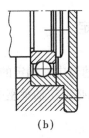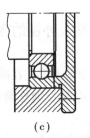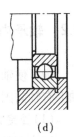

(a)   (b)   (c)   (d)

图 4.3　紧定套图　　　　　　　　图 4.4　外圈的固定方式

b.利用轴承盖(图 4.4(b)),固定外圈一侧,广泛用于向心轴承或向心推力轴承。

c.利用轴承盖和凸缘结合(图 4.4(c)),固定外圈两侧,可承受较大的轴向载荷。

d.利用孔用弹性挡圈(图 4.4(d)),用在由于工艺条件不能在轴承座中做出止推凸缘时,弹性挡圈能承受的轴向力较小,其尺寸按轴承外径选取,见附表 5。

(2)轴承套杯和轴承盖

1)轴承套杯

在很多情况下,轴承外圈不是直接安装在轴承座中,而是安装在轴承套杯中(图 4.5),有时套杯上有凸缘,用来固定轴承外圈。

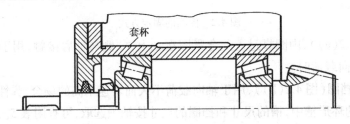

套杯

图 4.5　轴承套杯

2)轴承盖

轴承盖用铸铁(HT 150—300)或钢(A2 或 A3)来制造的。它的用途是:a.可作为轴承外圈的轴向固定装置;b.可用来调整轴承内部的间隙(对可调整间隙的轴承);c.保证轴承与箱体外部隔绝(透盖必须另外安装密封装置)。

3)轴承盖的种类

①按轴承盖在箱体上的安装方式分:

a.凸缘式,用螺钉将盖固定在箱体上;

b.嵌入式,不用螺钉固定,而将轴承盖沿着圆周的凸起部分嵌入轴承座相应的槽中,以获得固定。

②按轴承盖是否穿孔,轴承盖可分为:

a.闷盖—中央无孔,装在轴不伸出箱体外的轴承座上;

b.透盖—中央有孔,以便轴的外伸端穿过,必须附有密封装置,以防止箱外灰尘、污物等从孔的间隙中浸入轴承,并防止轴承内的油流出。

③轴承盖的尺寸根据轴承孔的直径按经验公式确定见表 4.2。

表 4.2　轴承盖的结构尺寸　　　　　　　　　　　　　　　　　/mm

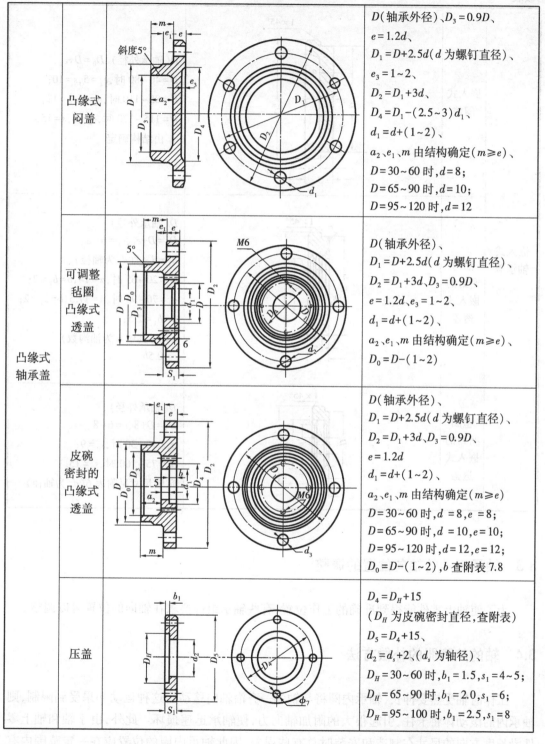

凸缘式轴承盖	凸缘式闷盖		D(轴承外径)、$D_3 = 0.9D$、 $e = 1.2d$, $D_1 = D + 2.5d$(d 为螺钉直径)、 $e_3 = 1 \sim 2$、 $D_2 = D_1 + 3d$、 $D_4 = D_1 - (2.5 \sim 3)d_1$、 $d_1 = d + (1 \sim 2)$、 a_2, e_1, m 由结构确定($m \geq e$)、 $D = 30 \sim 60$ 时,$d = 8$; $D = 65 \sim 90$ 时,$d = 10$; $D = 95 \sim 120$ 时,$d = 12$
	可调整毡圈凸缘式透盖		D(轴承外径)、 $D_1 = D + 2.5d$(d 为螺钉直径)、 $D_2 = D_1 + 3d$、$D_3 = 0.9D$、 $e = 1.2d$、$e_3 = 1 \sim 2$、 $d_1 = d + (1 \sim 2)$、 a_2, e_1, m 由结构确定($m \geq e$)、 $D_0 = D - (1 \sim 2)$
	皮碗密封的凸缘式透盖		D(轴承外径)、 $D_1 = D + 2.5d$(d 为螺钉直径)、 $D_2 = D_1 + 3d$、$D_3 = 0.9D$、 $e = 1.2d$ $d_1 = d + (1 \sim 2)$、 a_2, e_1, m 由结构确定($m \geq e$) $D = 30 \sim 60$ 时,$d = 8, e = 8$; $D = 65 \sim 90$ 时,$d = 10, e = 10$; $D = 95 \sim 120$ 时,$d = 12, e = 12$; $D_0 = D - (1 \sim 2)$,b 查附表 7.8
	压盖		$D_4 = D_H + 15$ (D_H 为皮碗密封直径,查附表) $D_5 = D_4 + 15$、 $d_2 = d_s + 2$,(d_s 为轴径)、 $D_H = 30 \sim 60$ 时,$b_1 = 1.5, s_1 = 4 \sim 5$; $D_H = 65 \sim 90$ 时,$b_1 = 2.0, s_1 = 6$; $D_H = 95 \sim 100$ 时,$b_1 = 2.5, s_1 = 8$

续表

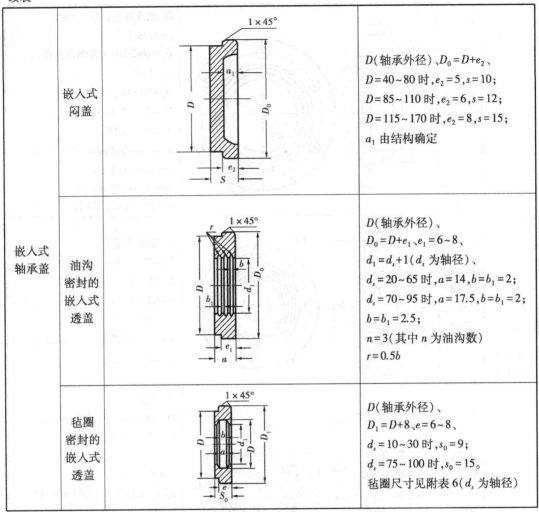

嵌入式轴承盖	嵌入式闷盖		D(轴承外径)、$D_0 = D + e_2$、 $D = 40 \sim 80$ 时,$e_2 = 5$,$s = 10$; $D = 85 \sim 110$ 时,$e_2 = 6$,$s = 12$; $D = 115 \sim 170$ 时,$e_2 = 8$,$s = 15$; a_1 由结构确定
	油沟密封的嵌入式透盖		D(轴承外径)、 $D_0 = D + e_1$、$e_1 = 6 \sim 8$、 $d_1 = d_s + 1$(d_s 为轴径)、 $d_s = 20 \sim 65$ 时,$a = 14$,$b = b_1 = 2$; $d_s = 70 \sim 95$ 时,$a = 17.5$,$b = b_1 = 2$; $b = b_1 = 2.5$; $n = 3$(其中 n 为油沟数) $r = 0.5b$
	毡圈密封的嵌入式透盖		D(轴承外径)、 $D_1 = D + 8$、$e = 6 \sim 8$、 $d_s = 10 \sim 30$ 时,$s_0 = 9$; $d_s = 75 \sim 100$ 时,$s_0 = 15$。 毡圈尺寸见附表 6(d_s 为轴径)

3.3 轴承组件的轴向位置的调整

为了使轴上零件能得到准确的工作位置,有些轴承组件要求在轴向的位置可以调整。

3.4 轴的热膨胀的补偿方法

工作时轴受热要伸长,轴承内圈将与轴颈一齐沿轴向移动。这种运动如果受到限制,则轴承内的滚动体将卡住,引起很大的附加轴向力,使轴承迅速损坏。此外,由于轴和轴上零件沿长度方向的尺寸在制造和安装时总有些误差,因此轴承内圈的位置应在一定范围内有沿轴向调节的可能。详见教材有关内容。

3.5 轴承游隙的调整

滚动轴承的滚动体在内、外圈之间应具有适当大小的游隙。游隙过大,轴易产生振动,轴承要产生噪音;游隙过小,轴承容易发热磨损。这两种情况,都会使轴承的寿命缩短。

游隙大小的选择,决定于一系列因素,如轴承的类型及尺寸、对支座的刚度要求、工作温度的变化范围、轴承组件的结构、对振动、噪声等使用性能要求。

不可调整游隙的轴承,如60000、10000、N0000、20000等类型。轴承的游隙在制造时已经确定好了,安装时不可能调整。

可调整游隙的轴承(如向心推力轴承与推力轴承,安装时必须把轴承游隙调整至适当大小,这几种轴承在正常工作时轴向游隙的调整的调整量见表4.3~表4.5。

表 4.3　向心推力球轴承的轴向游隙

轴承内径 d/mm		允许轴向游隙的范围 μ						II型轴承间允许的距离（大概值）
		接触角 α = 15°				α = 25°及40°		
		I 型		II 型		I 型		
超过	到	最小	最大	最小	最大	最小	最大	
—	30	20	40	30	50	10	20	8d
30	50	30	50	40	70	15	30	7d
50	80	40	70	50	100	20	40	6d
80	120	50	100	60	150	30	50	5d
120	180	80	150	100	200	40	70	4d
180	260	120	200	150	250	50	100	2~3d

表 4.4　圆锥滚子轴承的轴向游隙

轴承内径 d/mm		允许轴向游隙的范围 μ						II型轴承间允许的距离（大概值）
		接触角 α = 10°~16°				α = 25°~29°		
		I 型		II 型		I 型		
超过	到	最小	最大	最小	最大	最小	最大	
—	30	20	40	40	70	—	—	14d
30	50	30	70	50	100	20	40	12d
50	80	50	100	80	150	30	50	11d
80	120	80	150	120	200	40	70	10d
120	180	120	200	200	300	50	100	9d
180	260	160	250	250	350	80	150	6.5d

注:I 型——两个轴承安装在同一个支承中;

II 型——每个支承中安装一个轴承。

表 4.5　双向推力球轴承和双列单向推力球轴承的轴向游隙

轴承内径 d/mm		允许轴向游隙的范围 μ					
		轴承系列					
		51100		51200 及 51300		51400	
超过	到	最小	最大	最小	最大	最小	最大
—	50	10	20	20	40	—	—
50	120	20	40	40	60	60	80
120	140	40	60	60	80	80	120

注:表中所列轴向游隙数值,仅适用于轴和箱体温度差大致为 10~20 ℃。

3.6　轴承组件的密封装置

密封装置的分类:

1)按安装部位分:

a.外部密封——密封件安装在减速器输出轴和输入轴外伸端的轴承外侧,使轴承与周围环境隔离;

b.内部密封——密封件安装在轴承内侧,使轴承与箱体内部隔离(当轴承采用飞溅润滑时,轴承内侧应对箱体开放,不需要密封;当轴承采用润滑脂润滑时,内侧必须密封,使与减速器油池中的润滑油隔离)。

2)按工作原理分:

a.接触式(如毡圈式、皮碗等)——利用转动元件与固定元件间的直接接触以获得密封作用;

b.非接触式(如间隙密封槽、迷宫式等)——利用转动元件与固定元件间的微小间隙,并在间隙中填满润滑脂而产生密封作用;

c.离心式(如挡油环等)——利用密封元件转动时所产生的离心力,防止过多的油或箱体内的金属屑进入轴承;

d.混合式——两种或两种以上不同类型的密封混合使用。

3.7　轴承的公差与配合

轴承的配合与机器制造业中所采用的公差配合制不同,轴承内圈的内径与外圈的外径的公差均为负方向,即实际尺寸均小于公称尺寸。通常轴承的配合种类是:内圈与轴颈的配合为基孔制,外圈与轴承座孔的配合为基轴制。在配合种类相同的条件下,轴承内圈与轴颈的配合较为紧密。滚动轴承常用二级精度的配合,一级精度的配合主要用于5、4级轴承。

滚动轴承配合的选择详见教材有关内容。

3.8　轴承的安装和拆卸

（1）轴承的安装

轴承安装不正确，是轴承过早损坏的主要原因之一，因此对轴承的安装工作，必须精密和细心。

安装前，对和轴承配合的表面，应仔细检验它的配合尺寸、椭圆度和圆锥度、轴肩高度、圆角半径、轴肩摆动量等。检验合格后先用细砂或油石将表面打光，并在配合面上涂一层薄润滑油。同时将轴承放在汽油或热矿物油中洗净，再利用安装工具进行安装。把轴承安装到轴上时，最简单的方法是利用手锤和装配托杯（图 4.6）进行安装。

装配托杯是用软金属制成的管子，它的内径比轴承的内径稍大一些，厚度比轴承内圈稍薄，管的一端压入托垫 1，另一端附近焊上凸缘 2，以防安装时有灰尘、金属屑或其他污物落入轴承内。

图 4.7 是用手锤和装配托杯安装轴承的情形。如无装配托杯，可用直径和厚度相当的一段管子代替，绝对不能用手锤托杯安装轴承的内圈和外圈。如果有压力机设备时，最好用压力机来安装轴承（图 4.8）。

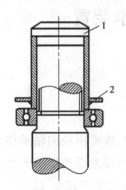 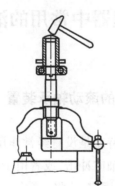 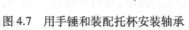 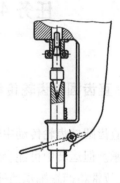

图 4.6　装配托杯　　图 4.7　用手锤和装配托杯安装轴承　　图 4.8　用压力机来安装轴承

有时为了便于安装，特别是尺寸较大的轴承，可用热油（80~100 ℃）将轴承预热，使轴承受热膨胀后再进行安装。

（2）轴承的拆卸

从轴上拆下轴承，通常采用各种特制的轴承拆卸器，如图 4.9 是用带有剖分环的拆卸器来拆卸轴承。拆卸时，剖分环的凸出端面和轴承内圈端面相接触，利用旋紧螺旋的压力把内圈从轴上顶下来。图 4.10 是用带有钩头的拆卸器来拆卸轴承的，钩头可以调整至不同的位置，以适应拆卸不同尺寸的轴承。

为了拆卸方便和防止配合面受损坏，有时可以先用热油（100 ℃）浇在轴承内圈上，使内圈受热膨胀后再进行拆卸。

不论用什么方法拆卸轴承,只能把力作用在轴承的内圈上。

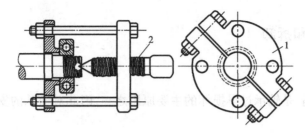

图 4.9 带有剖分环的拆卸器

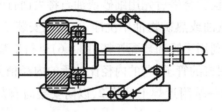

图 4.10 带有钩头的拆卸器

任务 4 减速器中常用的滚动轴承装置

4.1 直齿圆柱齿轮传动中常用的滚动轴承装置

直齿圆柱齿轮传动中轴的工作特点是没有经常作用的轴向力,故常用径向轴承作为轴的支承。但运转中可能会偶然传入轴向冲击,或者由于齿轮的制造误差而产生不大的轴向分力,故常将两端轴承的外圈沿轴向固定,或将一端轴承的内、外圈都固定起来,以承受上述可能产生的轴向力。轴的热膨胀的补偿方法:前者用一端轴承的外圈与端盖间的间隙来补偿;后者将另一端作为游动支承。直齿圆柱齿轮传动中常用的滚动轴承装置见表 4.6。

表 4.6 直齿圆柱齿轮传动中典型的滚动轴承组件结构

编号	结构型式	特点与应用
1		单列向心球轴承,轴承靠端盖轴向固定。在右端轴承外圈与端盖间留有很小的间隙(0.5~1),以补偿轴的热膨胀。毡封式密封,润滑油润滑。毡封处滑动速度 $v \leqslant 4 \sim 5$ m/s,适用于轻载和环境清洁时

续表

编号	结构型式	特点与应用
2		基本与前方案相同;不同点:嵌入式端盖,靠右端轴承外圈与端盖间的调整垫片来保证必要的轴向间隙,以补偿轴的热膨胀,沟槽式密封
3		基本与前方案相同;不同点:右端轴承将轴沿双向固定,可承受径向力及不大的双向轴向力,轴承的内侧加封油环,防止轴承中润滑脂被稀释而流失,左端为游动支承,可用于轴承跨距较大时
4		单列向心短圆柱滚子轴承,其内圈外侧无挡边,右端轴承外圈与调整垫片间留有间隙,以补偿轴的热膨胀,复合式密封。适用于较大的纯径向负荷,工作环境较差,轴承跨距小于600 mm时
5		基本与前方案相同;不同点:右端轴承的外圈两侧均无挡边,可作为游动支承,以补偿轴的热膨胀,沟槽式密封,适用于轴承跨距较大且环境较清洁时

4.2　斜齿圆柱齿轮传动中常用的滚动轴承装置

斜齿圆柱齿轮传动中轴的工作特点是在轴承上同时作用着径向负荷和轴向负荷,轴向负荷的大小与轮齿倾斜角的大小有关,常用向心推力轴承作为轴的支承(见表4.7)。

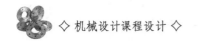

　　轴的固定支承,不能用单列向心短圆柱滚子轴承,因为它不能承受或只能承受很小的轴向力。

表 4.7　斜齿圆柱齿轮传动中典型的滚动轴承组件结构

编号	结构型式	特点与应用
1		单列向心推力球轴承,迷宫式密封;靠端盖与箱体间的调整垫片来保证轴承具有合适的轴向游隙,以补偿轴的热膨胀;可同时受径向力及较大的双向轴向力。适用于轻载高速,轴承跨距较小时
2		圆锥滚子轴承,特点与前方案相同。适用于中载中速
3		基本与前方案相同;不同点;向心推力轴承的安装与前相反,油脂润滑,轴承的内侧用毡圈密封。适用于轴承跨距很大,温度变化也较大时
4		基本与前方案相同;不同处为皮碗式密封,轴承装于端盖中,以便提高轴承孔的配合精度

项目 5

减速器的结构设计及其他

●**项目概述**

本项目主要介绍圆柱齿轮减速器的结构，使学生了解圆柱齿轮减速器结构及附件的名称、功能和设计及选用。

任务 1   减速器各部位结构尺寸及功用

【学习目标】

1.了解圆柱齿轮减速器结构功能和设计及选用；

2.了解圆柱齿轮减速器结构附件的名称、功能和设计及选用。

【导入】

通常常用的减速器结构为圆柱齿轮减速器，如图 5.1 所示为圆柱齿轮减速器各部分及主要附件的名称的典型结构，我们将依据图 5.1 中内容的表示，介绍减速器及其附件的结构设计和选用。

1.1   二级圆柱齿轮减速器的结构

二级圆柱齿轮减速器的结构，如图 5.1 所示。

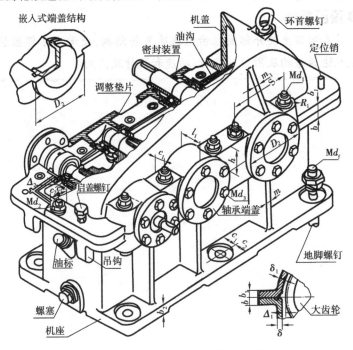

图 5.1   二级圆柱齿轮减速器

1.2   其他减速器的结构

（1）圆锥圆柱齿轮减速器，如图 5.2。

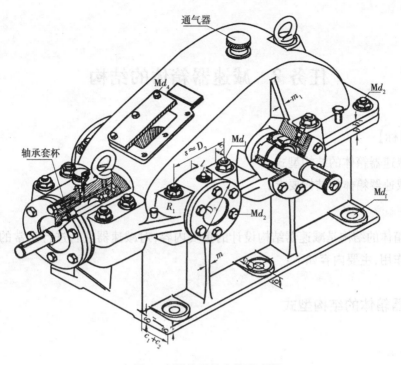

图 5.2　圆锥圆柱齿轮减速器

（2）蜗杆减速器的典型结构如图 5.3。

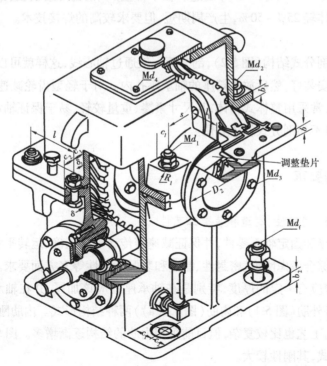

图 5.3　蜗杆减速器

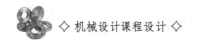

任务 2 减速器箱体的结构

【学习目标】

1.了解减速器箱体的结构型式;

2.了解减速器箱体的结构要求。

【导入】

减速器箱体的结构是减速器结构设计的重要内容,对减速器能否进行正常的工作起到十分关键的作用,主要内容如下:

2.1 减速器箱体的结构型式

(1)使用材料

一般用铸铁(HT200 或 HT250)制造。对于重型减速器,也有用球墨铸铁(QT400—17 或 QT420—10)或铸钢(ZG150 或 ZG250)制造。在单件生产中,也可用钢板(Q235)焊接而成。焊接箱体比铸造箱体轻 25%~50%,生产周期短,但要求较高的焊接技术。

(2)常用结构

箱体大多采用剖分式结构(图 5.2),剖分面一般通过轴心线,这样就可以把齿轮、轴承和轴等零件在箱体外安装好,然后放入箱座的轴承座孔内。对于轻型齿轮减速器、蜗杆减速器和行星齿轮减速器,常采用整体式箱体,其尺寸紧凑、重量较轻、易于保证轴承与座孔的配合性质,但装拆和调整不如剖分式箱体方便。

2.2 箱体的结构要求

(1)箱体的刚度、密封性、制造和装配工艺性

箱体是用来支撑和固定轴系零件,并保证减速器传动啮合正确、运转平稳、润滑良好,密封可靠。设计时应综合考虑刚度、密封性、制造和装配工艺性等多方面要求。为保证箱体具有足够的刚度,箱壁应有一定的厚度,特别是在轴承座处应该加厚,并在轴承座附近加支撑肋,机体的支撑肋有外肋(图 5.1)和内肋(图 5.5(a))两种结构形式。内肋刚度大,缺点是影响箱内润滑油流动,工艺也比较复杂,但目前采用内肋的结构逐渐增多。图 5.5(b)所示为机体加肋的又一种形式,其刚性较大。

(2)箱体结构的使用空间、壁厚

轴承座两侧的连接螺栓应紧靠座孔,但不得与端盖螺钉及箱内导油沟发生干涉,为此应

在轴承座两侧设置凸台,凸台高度要保证有足够的螺母扳手空间(见图5.4)。为保证密封性,箱座与箱盖应紧密贴合,因此连接凸缘应具有足够的宽度,剖分面应经过精刨或研刮,连接螺栓间距不得过大。有时在剖分面上制出回油沟,使渗出的油可沿斜槽流回箱内。铸造箱体的壁厚不得太薄,以免浇注时铁水流动困难,铸件的最小壁厚见表5.1。为便于造型时取模,铸件表面沿拔模方向应具有斜度(可查阅有关手册),为避免铸件内部产生内应力、裂纹、缩孔等缺陷,应该使壁厚均匀且过渡平缓而无尖角。

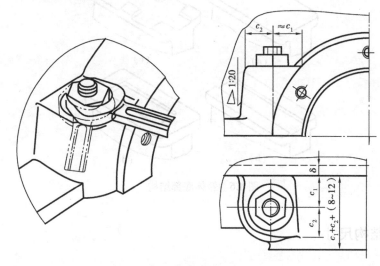

图5.4 扳手空间

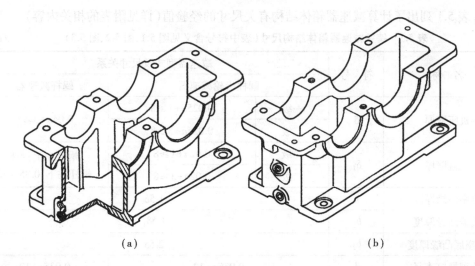

（a）　　　　　　　　　　　　（b）

图5.5 箱体加肋结构

（3）箱体轴承座孔

轴承座孔最好是通孔,且同一轴线上的座孔直径最好一致,以便一刀镗出,减少刀具调整次数和易于保证镗孔精度。各轴承座同一侧的外端面最好布置在同一平面上,两侧外表端面最好对称于箱体中心线,以便于加工和检验。为区分加工面与非加工面和减少加工面积,箱体与轴承端盖、观察孔盖、通气器、吊环螺钉、油标、油塞、地基等接合处应做出凸台(凸起 3~10 mm)。螺栓头和螺母的支承面可做出小凸台,也可不做出凸台,而在加工时显出浅型鱼眼坑或把粗糙面刮平。在图 5.6 所示的机体底面结构中,为减少机械加工面积,最好选用图 5.6(b)和图 5.6(d)的结构。

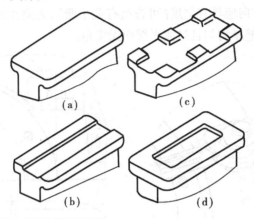

图 5.6 箱体底部结构

2.3 箱体的结构尺寸

箱体的结构和受力比较复杂,目前只能考虑上述结构要求按照经验设计公式确定结构尺寸。表 5.1 列出了计算减速器箱体结构有关尺寸的经验值(详见附表的相关内容)。

表 5.1 铸铁减速器箱体结构尺寸(表中符号含义见图 5.1、图 5.2、图 5.3)　　　/mm

名　称	符　号	减速器型式及尺寸关系		蜗杆减速器
		圆柱齿轮减速器		
机座壁厚	δ	一级	$0.025a+1 \geqslant 8$	$0.04a+3 \geqslant 8$
		二级	$0.025a+3 \geqslant 8$	
机盖壁厚	δ_1	一级	$0.02a+1 \geqslant 8$	蜗杆在上:$\approx \delta$
		二级	$0.02a+3 \geqslant 8$	蜗杆在下:$0.85\delta \geqslant 8$
机座凸缘厚度	b	1.5δ		
机盖凸缘厚度	b_1	$1.5\delta_1$		
机座底凸缘厚度	b_2	2.5δ		
地脚螺钉直径	d_f	$0.035a+12$		$0.035a+12$
地脚螺钉数目	n	$a \leqslant 250$、$n=4$,$a>250\sim500$、$n=5$,$a>500$、$n=8$,$n=$机座底凸缘周长之半 $200\sim300$		4
轴承旁连接螺栓直径	d_1	$0.75d_f$		
连接螺栓 d_2 的间距	l	$150\sim200$		
轴承端盖螺钉直径	d_3	$(0.4\sim0.5)d_f$		

续表

名　称	符　号	减速器型式及尺寸关系	
		圆柱齿轮减速器	蜗杆减速器
窥视孔盖螺钉直径	d_4	$(0.3 \sim 0.4)d_f$	
定位销直径	d	$(0.7 \sim 0.8)d_2$	
轴承旁凸台半径	R_1	c_2	
凸台高度	h	根据低速级轴承座外径确定,以便于扳手操作为准	
外机壁至轴承座端面距离	l_1	$l_1 = c_1 + c_2 + (8 \sim 12)$	
大齿轮顶圆与内机壁距离	Δ_1	$\Delta_1 > 1.2\delta$	
齿轮端面与内机壁距离	Δ_2	$\Delta_2 > \delta$	
机盖、机座肋厚	$m_1 m$	$m_1 \approx 0.85\delta_1, m \approx 0.85\delta$	
轴承端盖外径	D_2	轴承孔直径 $+(5 \sim 5.5)d_3$;对嵌入式端盖 $D_2 = 1.25D + 10,\quad D$——轴承外径	
轴承端盖凸缘厚度	t	$(1 \sim 1.2)d_3$	
轴承旁连接螺栓距离	s	尽量靠近,以 Md_1 和 Md_3 互不干涉为准,$s \approx D_2$	

注:多级传动时,a 取低速级中心距。对圆锥—圆柱齿轮减速器,按圆柱齿轮传动中心距取值。

表 5.2　c_1、c_2 值 /mm

螺栓直径	M8	M10	M12	M15	M20	M24	M30
c_{1min}	13	15	18	22	25	34	40
c_{2min}	11	14	15	20	24	28	34
沉头座直径	20	24	25	32	40	48	50

任务 3　减速器附件的结构设计

【学习目标】

1.了解减速器的附件;

2.了解减速器附件的结构设计。

【导入】

为了便于检查箱内齿(蜗)轮的啮合情况、注油,排油、指示油位以及起吊搬运减速器等,减速器上通常装有下述附件。

3.1 窥视孔盖板

窥视孔盖板应具有较好的密封性。孔盖的底部垫有纸质封油垫片,以防润滑油外渗和灰尘进入箱体。为使孔盖能紧贴箱体,在箱盖上应加工有凸台。孔盖常用铸铁或钢板制成,中、小型减速器窥视孔及盖板的结构见图5.7。其结构由固定窥视孔盖板的螺钉1;纸封片油垫2;通气装置3;窥视孔盖板4组成。尺寸见表5.3,减速器内的润滑油由窥视孔注入。若有特别需要亦可在窥视孔口增装一个滤油网,以过滤注入之润滑油,确保注入减速器内的油清洁无杂质。

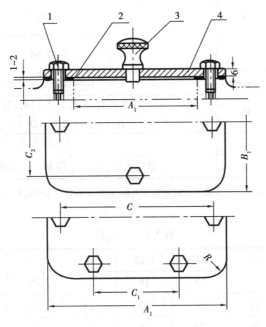

图 5.7 窥视孔盖板结构

表 5.3 窥视孔及盖板尺寸 　　　　　　　　　　　　　　　　　　　　　/mm

A	B	A_1	B_1	C	C_1	C_2	R	螺钉尺寸	螺钉数目
50	40	90	70	75	50	55	5	M5×15	5
90	50	120	90	105	70	75	5	M5×15	5
110	90	140	120	125	80	105	5	M5×15	5
140	100	180	140	150	100	120	5	M5×15	5

3.2 通气器

通气器多装在箱盖顶部或窥视孔盖上,以便于箱体内的热膨胀气体自由排出。结构和尺寸可参考图5.8和图5.9。应注意其尺寸不要过小,以确保足够的透气能力,这对尺寸较大的减速器尤为重要。对于发热较大和环境较脏的大型减速器应采用较完善的通气罩(详细结构尺寸可参考附表7和有关手册)。

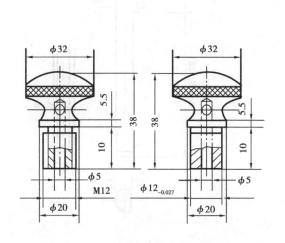

图5.8 通气器结构(1)

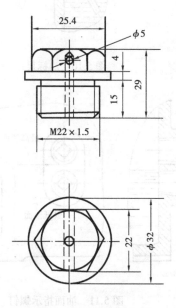

图5.9 通气器结构(2)

3.3 油标

油标应装在减速器箱体的适当位置(便于观察及油面较稳定的地方,如低速级传动件附近的箱壁上)。用于减速器的油标各式各样,图5.10所示为油标尺,因其结构简单,故使用较多,油尺上的油面刻度线按静止与运转两种情况决定,详细结构见图5.12和表5.4。圆形油标及油面指示螺钉也有应用,如图5.11所示即为油面指示螺钉(详见附表7.3)。用油尺时,应使机座与油尺座的倾斜位置便于加工和使用,油尺位置不能太低,以防止箱体内的油溢出。油面指示螺钉的应用为,在机座的最高油面及最低油面上各安装一个指示螺钉,使油面保持在最低与最高螺孔之间。

表5.4 油标尺尺寸 /mm

d	d_1	d_2	d_3	h	a	b	c	D	D_1
M12	4	12	5	28	10	5	4	20	15
M15	4	15	5	35	12	8	5	25	22
M20	5	20	8	42	15	10	5	32	25

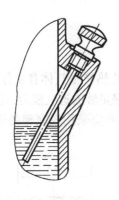

图 5.10   油标尺

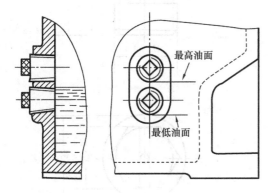

图 5.11   油面指示螺钉

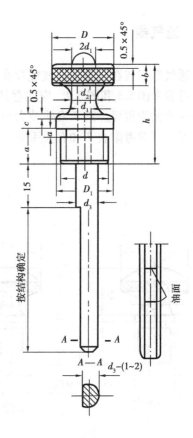

图 5.12   油标尺结构

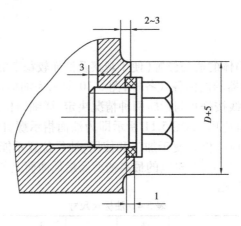

图 5.13   油孔及螺塞

3.4 油塞螺钉

放油孔的位置应在油池最低处,并安排在减速器不与其他部件靠近的一侧,以便于放油。油孔用油塞螺钉密封(图5.13)。油塞螺钉的直径约为箱体壁厚δ的1.5~2倍。油塞螺钉及封油圈的结构及尺寸等见图5.14和图5.5(详见附表7.5、附表7.5)。

3.5 定位销

为了保证剖分式机体的轴承座孔的加工及装配精度,在机体连接凸缘的长度方向两端各安置一个圆锥定位销(图5.15(a))。两销相距尽量远些,以提高定位精度。定位销的直径一般取$d=(0.7~0.8)d_2$,d_2为机体连接螺栓直径。其长度应大于机盖和机座联接凸缘的总厚度,以利于装拆(详见附表4.2)。

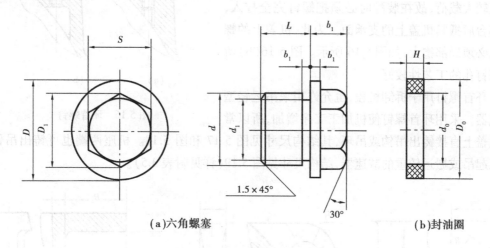

(a)六角螺塞 (b)封油圈

图5.14 油塞螺钉及油封结构

表5.5 油塞螺钉及油封圈尺寸 /mm

螺纹d	D	D_1	S	d_1	L	L_1	b	b_1	D_0	d_0	H
M15×1.5	25	21.9	19	13.8	12	15	3	3	25	15	2
M20×1.5	30	25.4	22	17.8	15	15	3	3	30	20	2

3.6 启盖螺钉

启盖螺钉(图5.15(b))上的螺纹长度要大于机盖连接凸缘的厚度,钉杆端部要做成圆柱形、大倒角或半圆形,以免顶坏螺纹。

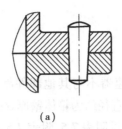
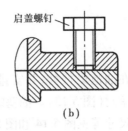

（a）　　　　　　　　　　（b）

图 5.15　定位销和启盖螺钉

3.7　环首螺钉、吊环和吊钩

为了拆卸及搬运,应在机盖上装有环首螺钉或铸出吊钩、吊环,并在机座上铸出吊钩。由于环首螺钉为标准件,可按起重量由手册选取。环首螺钉承受较大载荷,故在装配时必须把螺钉完全拧入,使其台肩抵紧机盖上的支承面。为此,机盖上的螺钉孔必须局部锪大,如图 5.16 所示。图 5.16(b)所示螺钉孔的工艺性较好。

环首螺钉用于拆卸机盖,也允许用来吊运轻型减速器。采用环首螺钉使机加工工序增加,所以常

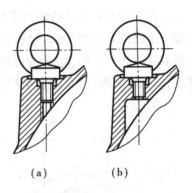

（a）　　　　　（b）

图 5.16　环首螺钉

在机盖上直接铸出吊钩或吊环,其结构尺寸见图 5.17 和图 5.18。机座两端也可铸出吊钩,用以起吊或搬运较重的减速器,结构尺寸见图 5.19(详见附表 3.5)。

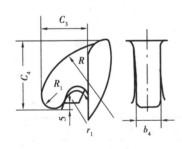
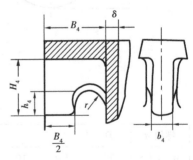

图 5.17　箱盖上的起吊钩

$c_3 \approx (4 \sim 5)\delta_1$

$b \approx (1.8 \sim 2.5)\delta_1$

$R_1 \approx 0.25c3$

$c_4 \approx (1.3 \sim 1.5)c_3$

$R \approx c_4$

$r_1 \approx 0.2c_3$

图 5.18　箱盖上的起吊耳环

$d = b_4 \approx (1.8 \sim 2.5)\delta_1$

$R \approx (1 \sim 1.2)d$

$e \approx (0.8 \sim 1)d$

图 5.19　箱体上的起吊钩

$b_4 \approx (1.8 \sim 2.5)\delta$

$B_4 = c_1 + c_2$

$H_4 \approx 0.8B_4$

$h_4 \approx 0.5H_4$

$r \approx 0.25B_4$

任务4 减速器的润滑与密封

【学习目标】

了解减速器的润滑及功能;

了解减速器的润滑的密封形式。

【导入】

在减速器中,传动件(齿轮或蜗轮、蜗杆)与轴承的润滑是非常重要的,因为减速器良好的润滑可降低传动件及轴承的摩擦功耗,减少磨损,提高传动效率,降低噪声和改善散热以及防止零件生锈等。

4.1 传动件的润滑

(1)用润滑油润滑

a.浸油润滑

减速器内的齿轮(蜗杆)传动,大都用油润滑,为了控制搅油的发热量,保护润滑油,降低溅油的功率损耗,提高润滑的效能,对于圆周速度 $v<12$ m/s 的齿轮传动(浸油零件的圆周速度 $v<10$ m/s 的蜗杆传动)才允许用浸油润滑,对于速度虽较高,但工作时间持续不长的齿轮(蜗杆)传动,也可采用浸油润滑。浸入油内的零件顶部到箱体内底面的距离 H 不少于 30 mm(见图 5.20),以免浸油零件运转时搅起沉积在箱底的杂质。

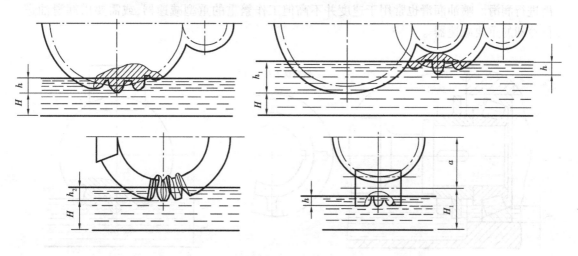

图 5.20 浸油润滑

如图 5.20 设计时,可在图上绘出合适的油面线位置,然后量出油面到箱底的高度 $H+h$ (图 5.20),体内底面的面积,即能算出实际的装油量 V,V 应大于或等于传动的需油量 V_0,即 $V \geqslant V_0$。若 $V < V_0$ 应将箱体底面向下移,增大油池高度,使满足 $V \geqslant V_0$ 的润滑条件。

用浸油润滑时,以圆柱齿轮或蜗轮的整个齿高 h,或蜗杆的整个螺纹牙高浸入油中为适度,但不应少于 10 mm(图 5.20),圆锥齿轮则应将整个齿宽(至少是半个齿宽)浸入油中。

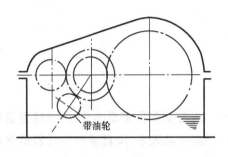

图 5.21　带油轮

对于二级传动,高、低速级的大齿轮并不常是同样的尺寸,因而它们的浸油深度就不一样,故当高速级的大齿轮按上述要求浸入油中时,低速级的大齿轮往往浸油深度就过多,不过对于圆周速度 $v < (0.5 \sim 0.8$ m/s$)$ 的低速级大齿轮,浸油深度可多一些,如浸油深度可达 1/5～1/3 的分度圆半径(由齿顶圆向上算起,并且此时浸油的大齿轮轮辐上不要有肋条)。二级传动的高速级齿轮亦可采用带油轮(图 5.21)的办法来润滑。

对于下置蜗杆的蜗杆减速器,在确定油面位置时,还应注意,油面不要高于支承蜗杆的滚动轴承最低滚动元件的中心,以免轴承内浸油过多,降低轴承的效率。

b.喷油润滑

当传动零件的圆周速度超过上述限制时,如果还是采用浸油润滑,则搅油太甚,油温升高,油起泡和氧化,使箱底的污物、金属屑等杂质进入啮合区。因此,对于下置蜗杆传动可改为上置蜗杆,或于下置蜗杆上加装溅油盘(图 5.22),并且不让蜗杆浸入油内。对于齿轮传动可采用喷油润滑(图 5.23)。喷油润滑即为用油泵将润滑油(压力为 1.2～1.5 个大气压)经喷嘴喷到啮合的轮齿面上。当 $v \leqslant 25$ m/s 时,喷嘴位于轮齿啮出或啮入的一边皆可,当 $v > 25$ m/s 时,喷嘴应位于轮齿啮出的一边,以借润滑油及时冷却刚啮合过的轮齿,同时亦对轮齿进行润滑。喷油润滑也常用于速度并不高但工作繁重的重型减速器,或需要借润滑油进行冷却的重要减速器 。

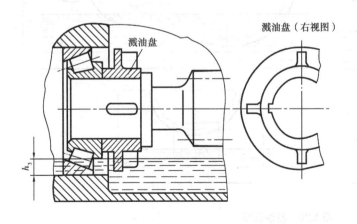
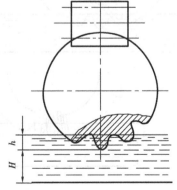

溅油盘　　溅油盘(右视图)

图 5.22　溅油盘装置

（2）用润滑脂润滑

当传动件的圆周速度 $v<2$ m/s，不能采用飞溅润滑时，可采用润滑脂润滑。优点是润滑方式简单，密封结构简单。其详细内容可参阅有关资料。

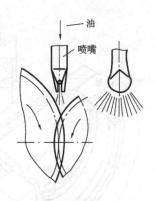

图 5.23　喷油装置

4.2　滚动轴承的润滑

滚动轴承润滑的目的主要是减少摩擦、磨损，同时也有冷却、吸振、防锈和减小噪声的作用，滚动轴承有脂润滑和油润滑两种方式。

当轴颈圆周速度 $v<4\sim5$ m/s 时，可采用润滑脂润滑，其优点为：润滑脂不易流失，便于密封和维护，一次填充可运转较长时间。装填润滑脂时一般不超过轴承内空隙的 $1/3\sim1/2$，以免因润滑脂过多而引起轴承发热，影响轴承正常工作。当轴颈速度过高时，应采用润滑油润滑，这不仅使摩擦阻力减小，且可起到散热、冷却作用。润滑方式常用油浴或飞溅润滑，油浴润滑时油面不应高于最下方滚动体中心，而高速轴承可采用喷油或油雾润滑。

a.采用油脂润滑的结构

通常在安装滚动轴承时，就可以把润滑脂填入轴承中，添油时拆去轴承端盖，打开加油孔，使用旋盖油杯或用油枪供油。润滑脂的装入量为轴承空间的 $1/3$，每工作三个月后，补充一次新油脂，每次一年，拆开、清洗部件，并换用新油脂。为了防止过多的润滑油冲向轴承，使润滑脂流失，应在轴承旁加挡油板。挡油板可用薄钢板冲压成型或用钢材车削，也可以铸造成型，结构尺寸见图 5.24 和图 5.25。

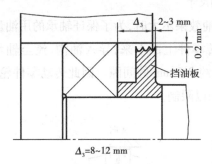

图 5.24　挡油板结构尺寸

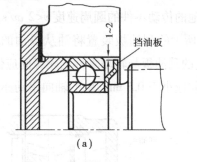

（a）　　　　　（b）

图 5.25　挡油板的位置

b.采用润滑油润滑的结构

在减速器内常用润滑齿轮（蜗轮）的油来润滑轴承，为此，就必须保证油池中的油能飞溅到箱盖的内壁上，并引导飞溅在机体内壁上的油经机体剖分面上的油沟流到轴承进行润滑，这时必须在端盖上开槽（图 5.26）。为防止装配时端盖上的槽没有对准油沟而将油路堵塞，可将端盖的端部直径取小些，使端盖在任何位置油都可以流入轴承。

油沟距箱体内壁及沟深均取为 $3\sim5$ mm；宽以不与沟边缘的螺栓孔干涉为原则，为便于将箱盖上的油流入油沟,应将箱盖内壁分箱面处的边缘切去适当的边角如图 5.27 所示。

有些减速器,其轴承并不用箱体内的油来润滑,但为了确保分箱面不漏油,也在箱体分箱面的凸缘上制作油沟(叫回油沟),此时油沟不通到轴承,而是通入箱体内。将浸入分箱面的油重新导回箱内,因而确保分箱面的密封性能,这时箱盖内壁分箱面的边缘也就无须切角了。

如所润滑的轴承位于分箱面之上,可于箱盖上适当的位置铸出油沟,将溅到箱盖内壁上的油导入轴承。

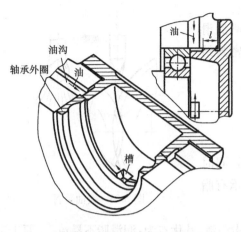

图 5.26　开油沟的端盖结构

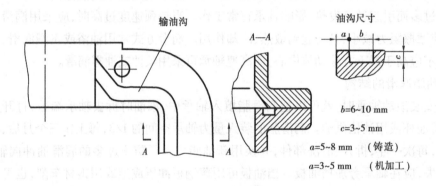

$b=6\sim10$ mm

$c=3\sim5$ mm

$a=5\sim8$ mm　(铸造)

$a=3\sim5$ mm　(机加工)

图 5.27　油沟的结构尺寸

当浸入油池的传动零件的圆周速度 $v<2$ m/s,溅油效果不大时,为了保证轴承的用油量,可用如图 5.28 所示的刮油板装置将油从浸油的旋转零件上刮下来,导入油沟,流至轴承。但应注意,固定的刮油板与转动零件的轮缘间应保持约 0.5 mm 的间隙。因此传动零件轮缘的端面跳动度就应小于 0.5 mm,轴的轴向串动亦应加以限制。

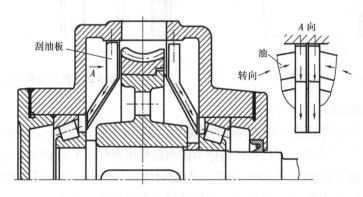

图 5.28　刮油板装置

为了保证传动的正常运转,箱内的油温不应超过 50~70 ℃,若超过时,应采取适当的散热措施。关于减速器的热平衡计算及散热装置的散热能力的计算等可参见教材和有关参考资料。关于齿(蜗)轮及轴承所用的润滑油(脂)的选择详见教材和有关参考资料。

4.3　润滑剂的选择

　　(1)润滑油的选择

　　一般减速器中常选用 HJ—40,HJ—50 等机械油来润滑,也可选用 HJ—20,HJ—30 齿轮油,HJ3—28 轧钢机油等来润滑。

　　(2)齿轮传动和蜗杆传动润滑油的黏度

　　齿轮传动和蜗杆传动润滑油的黏度,可根据圆周速度、工作条件、温度等来选择。齿轮和蜗杆传动润滑油的选取可参阅有关资料和附表 7.1。

4.4　减速器的密封

　　减速器的各接缝面都应确保密封性能,不得渗漏润滑油。密封的作用是使滚动轴承与箱外隔绝,防止润滑剂漏出和箱外杂质、水分与灰尘侵入轴承室。常见的密封形式很多,相应的密封效果也不一样,如常用的密封有:

　　(1)轴伸出处的密封

　　①毡圈式密封(图 5.29)在轴承通盖上的梯形槽内装入毛毡圈,使其与轴在接触处径向压紧达到密封。密封处轴颈的速度 $v \leqslant (4 \sim 5)$ m/s。

　　②密封圈密封(图 5.30)密封圈由耐油橡胶或皮革制成,密封效果比毛毡好,密封处轴颈的速度 $v \leqslant 7$ m/s。

　　③油沟密封(图 5.31)在油沟内填充润滑脂,端盖与轴颈的间隙为 0.1~0.3 mm。油沟密封结构简单,适用于密封处轴颈的速度 $v \leqslant 5$ m/s。

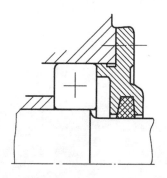

图 5.29　毛毡圈密封图

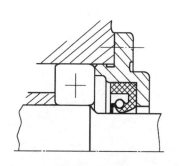

图 5.30　密封圈密封

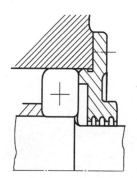

图 5.31　油沟密封

④迷宫式密封(图5.32)转动件与静止件之间有几道弯曲的缝隙,宽度为0.2~0.3 mm,缝中填满润滑脂,迷宫式密封可用于高速场合。

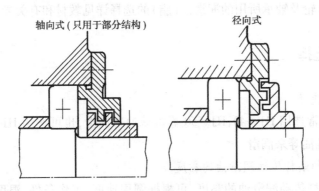

轴向式(只用于部分结构)　径向式

图5.32　迷宫密封

上述前两种密封均为接触式密封,要求轴表面的粗糙度数值不能太大,要求轴颈接触部分表面粗糙度为 $R_a < (1.5 \sim 0.8)\,\mu m$。后两种密封结构是非接触式密封,其优点是可用于高速,如果与其他密封形式配合使用,则可收到更好的效果。

(2)其他部位的密封

凸缘式轴承端盖、窥视孔盖板、放油螺塞、油标等接缝面均需装纸封油垫(或皮封油垫)以确保密封性能。但箱体接合面上不得加垫片,而在接合面上涂密封胶或在接合面上开回油沟,使油流回箱内。

项目 6

减速器的装配图技术设计

●项目概述

　　本项目完成对减速器的装配图技术设计。在传动装置总体方案设计、运动学计算和传动零件设计计算等有了一个阶段性的结论，对滚动轴承的选用、安装、配置、紧固、润滑、密封等问题进行分析和研究，又对减速器内、外部的结构、尺寸和相对位置进行了解，完成了这些准备工作以后，即可着手进行减速器装配图的技术设计工作。

任务 1 减速器的装配图技术的设计

【学习目标】

1.了解减速器的装配图的功用；

2.熟悉减速器的装配图的设计要求。

【导入】

装配图是表达各零件结构形状及相互尺寸关系的技术文件。它既是表达设计者设计机器总体结构意图的图样，也是机器组装、调试、维护的主要依据。所以，一般机械设计图纸总是从装配图设计开始。

1.1 减速器的装配图的功用

装配图是表达各零件结构形状及相互尺寸关系的技术文件，从装配图上能够确定所有零件的位置、结构和尺寸，再以此为依据分别绘制加工零件的工作图。因此装配图的设计是整个设计工作的重要阶段。在这个阶段必须综合地考虑零件的强度、刚度、寿命、制造工艺、装配、润滑和密封、检测、维修等各方面的要求。

1.2 减速器的装配图技术设计的要求

减速器的装配图技术设计的过程是一个复杂的过程。设计者必须考虑诸多因素，遵循结构设计和校核计算相结合，计算和画图交叉进行，边绘图、边计算、边修改的设计理念；"由主到次、由粗到细"的设计原则和反复修改、不断完善追求最优的设计精神；设计者既要顾全整体、纵观全局，有良好的整体构思和创新意识，又要重视局部、枝节等细微之处，体会"牵一发而动全身"的意境。具体设计时应由内向外进行，先画内部传动件，然后画箱体、附件等。三个视图设计要穿插进行，不能抱着一个视图画到底。

根据以上的论述，可将装配图的技术设计分为三个阶段进行：

①装配图设计的准备阶段。

②装配图设计的草图阶段。

③装配图设计的完成阶段。

完成的装配图要求包括以下四方面内容：

①完整、清晰地表达减速器全貌的一组视图。用 $1:1$ 的比例尺，在 A_0 或 A_1 图纸上，按比例投影关系画图。

②必要的尺寸标注。

③技术要求及调试、装配、检验说明。

④零件编号、标题栏、明细表。

装配图的技术设计应遵守国家标准或部颁标准，并尽可能标准化、系列化、通用化，尽量采用优先数系。

装配图的技术设计虽然是在老师的指导下进行的，为了更好地达到培养设计能力的要求，提倡独立思考、严肃认真、精益求精的学习态度。遇到问题找教材自行解决，要多想少问，多看教材勤探讨，重视设计步骤和方法，设计过程讲究条理性，绘图要严格，尺寸要准确。

任务 2　装配图设计的第一阶段——设计准备

【学习目标】

1.了解装配图设计的设计准备的功用；

2.熟悉装配图设计的设计准备的步骤。

【导入】

在装配草图设计前，必须首先明确绘制装配草图的目的、要求和步骤，基础知识的学习，以及有关设计数据的准备。

2.1　明确绘制装配草图的目的、要求和步骤

（1）绘制减速器装配草图的目的

①进行减速器结构设计

通过强度计算，确定了减速器中主要零件的主要尺寸，如齿轮齿数、模数、齿宽、轴的直径等，这些主要零件的其他结构尺寸尚未确定。减速器中还有更多的零件，如箱盖、箱座、轴承端盖、润滑装置、减速器附件等的结构和尺寸在强度计算中均未涉及。为此要通过减速器草图的绘制来确定减速器零件的结构尺寸和它们相互间的装配关系。

②复核强度计算所得尺寸在结构上是否合适

各种零件的强度计算是各自独立进行的，因而有可能在不同零件间发生干涉。如单级齿轮减速器中两个轴上各安装一个齿轮，如果结构设计不准确，两个齿轮将不能正确啮合。另外，有的零件强度计算适用于一定条件，如轴的强度计算结果仅适用于估算长度与真实长度误差在 10% 范围内。但轴的真实长度是多少，误差是否在要求范围内，以上这些问题只有通过画草图才能确定。

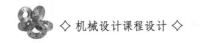

③为装配图的绘制作充分准备

作为第一次搞机械设计的人员,由于对减速器中许多零件的结构形状、尺寸、相互装配关系、定位法等不熟悉,心中无数,常常要经过多次修改才能确定下来,先画减速器装配草图,无疑在以后绘制正式装配图时不仅可以节省时间,而且可以提高图样质量。

(2)绘制减速器装配草图的要求

①用1:1比例尺,在 A_0 或 A_1 图纸上,按比例、投影关系画图。

②要求画减速器的三视图(主、俯、侧视图),结合局部剖视,清楚表达减速器的全部零件结构和它们的装配关系。

③草图设计时应全面地考虑问题,包括零件制造及装配工艺性,如铸件起模斜度、轴系零件的安装定位等。

④本教材提供了减速器中有关零件的结构尺寸资料,但是否适用于自己的设计,究竟应选哪种规格、哪个数据,应由同学自己去判断。在画草图过程中,要有意识地培养自己决定结构和尺寸的独立工作能力。

⑤为了节省时间,在符合投影关系的条件下,可采用简化画法,如轴承只画一个,相同的可用方框代替;螺栓只画一个,相同的用中心线表示;对称部分只画一半等。可不画剖面线,线条不必加深,图上还可标注零件尺寸、记号等。

(3)绘制减速器装配草图的步骤

①根据传动件的尺寸大小(指中心距、顶圆直径、轮宽等),参考类似结构,估计出减速器的外廓尺寸,做好三个视图(主视图、俯视图、侧视图)图面的合理布置。布置时应注意小齿轮轴和大齿轮轴的位置、轴伸出端的方向,要与传动方案运动简图一致。

②绘图时应从一个或两个最能反映零、部件外形尺寸和相互位置的视图开始,齿轮减速器常选择俯视图作为画图的开始。当俯视图画得差不多时,辅以其他视图。

③传动零件、轴和轴承是减速器的主要零件,其他零件的结构和尺寸随着这些零件而定。绘制装配草图时应先画主要零件,后画次要零件;由箱内零件画起,逐步向外画;以确定轮廓为主,对细部结构可暂不画,等到最后补充完整;以一个视图为主,兼顾几个视图。画图的顺序可总结为由里向外:中心线—传动零件(齿轮)—轴承—箱体—其他。

2.2 基本设计理念的建立和感性认识——基础知识的学习

①学习前面介绍的减速器装配图技术设计的理念、原则和方法,要认识到:减速器设计内容既多又复杂,有些地方的设计数据不能一次确定,需要多次修改和计算,有时甚至要全部推倒重来;要克服怕麻烦、嫌枯燥的情绪,避免差不多就对付或将就一下的想法。

②做好减速器装拆实验,观看减速器的结构及加工工艺录像,仔细了解减速器各零部件的相互关系、位置及作用。初步了解减速器加工工艺过程。

③认真阅读前面的内容,要读懂单级圆柱齿轮减速器的装配工作图。

2.3　有关设计数据的准备

①齿轮传动主要尺寸,如中心距、齿轮分度圆直径和齿顶圆直径、齿轮宽度和轮毂长度等。

②按已选出的电动机型号查出其安装尺寸。如轴伸直径 D、轴伸长度 E、中心高 H 等主要尺寸。

③按工作情况、转速高低、转矩大小及两轴对中情况选定连轴器的类型。

连接电动机和减速器高速轴的连轴器,为了减小起动转矩,应具有较小的转动惯量和良好的减震性能,多采用弹性连轴器。如弹性套柱销连轴器和尼龙柱销连轴器等。减速器低速轴和工作机轴相连的连轴器,由于转速较低,传递转矩较大,如果安装同心度能保证(如有公共的底座),可采用刚性固定式连轴器,如凸缘连轴器。如果安装同心度不能保证,就应采用有良好补偿位移偏差性能的刚性可移式连轴器,如金属滑块连轴器等。

④确定各轴最小直径。因为尚未进行轴的结构设计,故轴的跨距未能确定,先按轴所受的扭矩初步估算轴的最小直径。计算公式为:

$$d_{\min} \geqslant c \sqrt[3]{\frac{P_d}{n}} \text{ mm}$$

式中　P_d——轴传递的功率,kW;

　　　n——轴的转速,r/min;

　　　C——由许用应力确定的系数,详见机械设计教科书有关表格。

当该直径处有键槽,则应将计算值加大 3%~5%,并且还要考虑有关零件的相互关系,才能最后圆整确定轴的最小直径。

高速轴伸出端通过连轴器与电动机轴相连时,还应考虑电动机轴外伸端直径和连轴器的型号所允许的轴径范围是否都能满足要求,这个直径必须大于或等于上述最小初算直径,可以与电机轴径相等或不相等,但必须在连轴器允许的最大直径和最小直径范围内。

⑤轴承端盖的结构型式有凸缘式和嵌入式两种。详见项目四。

凸缘式轴承端盖,如图 6.1 所示,用螺钉与箱体轴承座连接。调整轴承间隙比较方便,密封性能也好,用得较多。这种端盖多用铸铁铸造,设计时要注意考虑铸造工艺。

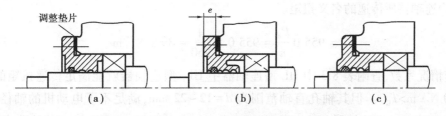

图 6.1　凸缘式轴承端盖

嵌入式轴承端盖,如图 6.2 所示,结构简单,使零件外表比较光滑,能减少零件总数和减轻减速器重量。但密封性能较差,适合于采用脂润滑的滚动轴承装置。嵌入式端盖调整轴承间隙比较麻烦,需要打开机盖,放置调整垫片,只适合于深沟球轴承和大批量生产时。如用角接触球轴承,应在端盖上增设调整螺钉结构,以便于调整轴承间隙,如图6.2(c)所示。

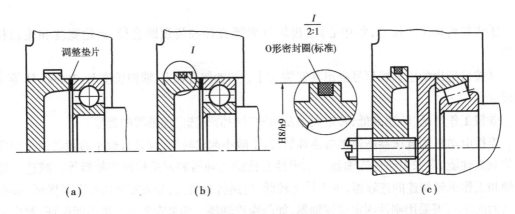

$$\frac{I}{2:1}$$

图6.2　嵌入式轴承端盖

2.4　具体确定方法见例6.1

例6.1　带式运输机如图2.2所示,若减速器高速轴伸出端通过连轴器与电动机轴相接。条件如例2.1已选定电动机型号为Y132M1—6。其主要的参数和尺寸可见表2.4、表2.5,传递功率 $P_d = 4$ kW,转速 $n = 960$ r/min。电动机轴径 $d = 38$ mm。试确定该减速器高速轴的最小直径(即该轴的外伸段轴径)并选择适用的连轴器。

解:　①按扭矩法初定该轴最小直径 d_{min}

$$d_{min} \geqslant c \sqrt[3]{\frac{P_d}{n}} = 110 \sqrt[3]{\frac{4}{960}} = 17.7 \text{ mm}$$

该段轴上有一键槽将计算值加大3%, d_{min} 应为18.23 mm。

②选择连轴器

根据传动装置的工作条件拟选用HL型弹性柱销连轴器(GB/T 5014—1985)(参见附表8.3)。

计算扭矩为

$$T_C = K_T = 1.5 \times 39.8 = 59.6 \text{ N} \cdot \text{m}$$

式中, T 为连轴器所传递的名义扭矩。

$$T = 9550 \frac{P_d}{n} = 9550 \times \frac{4}{960} = 39.8 \text{ N} \cdot \text{m}$$

K 为工作情况系数,查附表8.3中HL型连轴器中 HL_1 型连轴器就能满足传递扭矩的要求 ($T_n = 160$ N·m$>T_C$)。但其轴孔直轴范围为 $d = 12 \sim 22$ mm,满足不了电动机的轴径要求。故最后确定选 HL_3 型连轴器($T_n = 630$ N·m$>T_C$, $[n] = 5000$ r/min$>n$)。其轴孔直径 $d = 30 \sim 42$ mm,可满足电动机的轴径要求。

③最后确定减速器高速轴外伸处的直径为 $d_{min} = 40$ mm。

④与工作机相连接的减速器低速轴的最小直径可按初算直径考虑键槽的影响放大3%~5%圆整确定。

⑤确定滚动轴承的类型、型号及相关尺寸可参阅项目四,并且可查阅附表6。

⑥根据轴上零件的受力情况、固定和定位的要求,初步进行轴的结构设计,确定轴的阶梯段,具体尺寸暂选定。一般情况下,单级圆柱齿轮减速器的轴段有6~8个阶梯段。

⑦确定滚动轴承的润滑和密封方式。当减速器内的浸油传动零件(如齿轮)的圆周速度 $v>2~3$ m/s 时,采用齿轮转动时飞溅出来的润滑油来润滑轴承是最简单的,当浸油传动零件的圆周速度 $v\leqslant 2$ m/s 时,油池中润滑油飞溅不起来,可采用润滑脂润滑轴承。然后,可根据轴承的润滑方式和机器的工作环境是清洁或是多尘,选定轴承的密封型式。

⑧确定轴承端盖的结构型式。轴承端盖用以固定轴承、调整轴承间隙并承受轴向力。

⑨确定减速器箱体的结构方案并计算出它和有关零件的结构尺寸,详见项目5和表6.1。

确定箱体的结构后,按项目5的相关内容和附表确定有关零件的结构尺寸和尺寸关系的取值。由于箱体结构形状比较复杂,各部分尺寸多借助于经验公式来确定。按经验公式计算出的尺寸可以作适当修改,稍许放大或稍许缩小,然后圆整,与标准件有关的尺寸应符合相应的标准。

⑩选好图纸幅面和比例,做好装配图的图面布置工作。

上述各项准备工作完成后,即可着手草图的设计工作。为了加强真实感,培养图上判断尺寸的能力,应用 A0 或 A1 号图纸幅面,通常采用 1:1 的比例尺绘制。一般情况下,为了充分完整地表达各零件结构、形状、尺寸和相对位置,一定要绘制三个视图,必要时再加一些局部视图和剖视图。虽然是减速器装配草图的图面布置,但在视图布局时,不能单纯确定三个视图的位置,要将正式装配图上的全部内容的相对位置予以统筹兼顾,预留空间,即考虑留出标题栏、明细表、技术特性、技术要求等需要的空间。做到图面的合理布置(见图6.3),避免在画正式装配图时,还要重新确定各视图的相对位置,造成被动和重复劳动的情况发生。

任务3　装配图设计的第二阶段——草图设计

【学习目标】

1.了解装配图设计的第二阶段——草图设计的功用;

2.掌握单级圆柱齿轮减速器草图设计的步骤。

【导入】

本项目以单级圆柱齿轮减速器为例,说明草图设计的步骤。

3.1 轴的结构尺寸及轴承型号的选择

草图设计第一阶段的任务是通过绘图设计轴的结构尺寸及选出轴承型号,确定轴承的支点和轴上传动零件的力作用点的位置,定出跨距和力作用点间的距离,提供力学模型,为轴和键连接的强度计算,为滚动轴承的寿命计算提供数据。

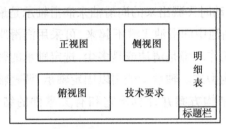

图 6.3 图面布置

1)绘图开始,参考图 6.3 提供的尺寸估计减速器的轮廓尺寸的大小,在 3 个视图位置上将视图的中心线画出,以下的绘图,先在俯视图上进行。

2)画四条线:

①画齿轮的轮廓尺寸线:分度圆、齿顶圆和齿宽。齿轮的细节结构暂不画出。通常圆柱小齿轮比大齿轮齿宽要宽(5~10)mm,见图 6.5。

②画机体内壁线:机体内壁线距离小齿轮的端面的距离为 $\Delta_2 \geqslant \delta$(见表 6.1),大齿轮齿顶圆与箱体内壁距离为 $\Delta_1 = 1.2\delta$(见表 6.1)。小齿轮齿顶圆一侧的内壁线先不画,见图 6.5。

③画机体外壁线:距内壁线距离 δ,画出上述 3 个方向的外壁线,见图 6.5。

④画轴承座的外端面线:轴承座的外端面线的绘制,决定了轴承座的宽度。它的宽度取决于机壁厚度 δ,轴承旁连接螺栓的扳手空间 C_1 和 C_2 的尺寸及区分加工面与非加工面的尺寸(8~12 mm)。轴承座宽度 $12 = \delta + C_1 + C_2 + (8 \sim 12)$ 式中,δ 值见表 6.1,C_1 和 C_2 值见表 6.2。

3)如采用凸缘式轴承端盖,在轴承座外端面以外画出轴承端盖凸缘的厚度 e 的位置。凸缘距离轴承座外端面应留有 1~2 mm 的调整垫片厚度的尺寸。e 的大小由轴承端盖连接螺钉直径 d_3 确定:$e = 1.2d_3$,应圆整之,见图 6.1。

如采用嵌入式轴承端盖,应保证端盖外端面与机体外壁线在同一个平面上,见图 6.2。

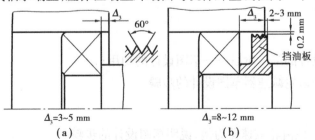

图 6.4 轴承在轴承座孔中的位置

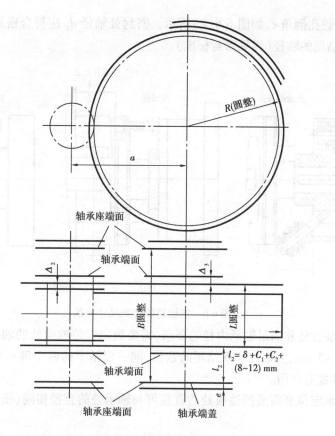

图 6.5 齿轮及箱体轴承座的位置

4)确定轴承在轴承座孔中的位置:

轴承在轴承座孔中的位置与轴承润滑方式有关。当采用机体内润滑油润滑时,轴承内圆端面至机体内壁的距离 $\Delta_3 = 3\sim5$ mm,如图6.4(a)所示;当采用润滑脂润滑时,因要留出挡油板的位置,则 $\Delta_3 = 8\sim12$ mm,如图6.4(b)所示。

1~4步画好后的图形如图6.5所示。

5)轴在箱体外部的轴肩是起固定传动零件或连轴器的定位作用,要确定它们的位置:这个轴肩至轴承端盖(凸缘式轴承端盖)或轴承座端面(嵌入式轴承端盖)一般应有 $L \geqslant 10\sim15$ mm的距离。如连轴器、传动零件及凸缘式轴承端盖需要拆卸端盖连接螺钉,L 之大小应考虑这些零件的结构要求,给以足够的安装空间,如图6.6所示。如轴外伸端安装弹性套柱销连轴器,则要求有装配尺寸 A(可查阅附表8中连轴器部分),如图6.6(a)所示,凸缘式端盖时 L 的长度必须考虑。如采用拆卸端盖螺钉所需的足够长度,以便在不拆卸端盖螺钉的情况下,可以打开减速器的机盖,见图6.6(b)。如外接零件的轮毂不影响螺钉的拆卸(如图6.6(c))或采用嵌入式端盖,则 L 可取小些。

6)依次从轴的两端往中间画出各段轴的直径,如图6.6为轴的结构。

①最小直径 d 由本项目2.3中的4)所给的方法确定。

②外伸段轴肩高度 h 按固定传动零件或连轴器及密封尺寸的要求确定。轴肩高度 h 应

大于 2~3 倍轮毂孔倒角 c，如图 6.6(c) 所示。密封处轴径 d_1 应符合密封标准轴径要求，一般为 0，2，5，8 结尾的轴径（详见密封标准）。

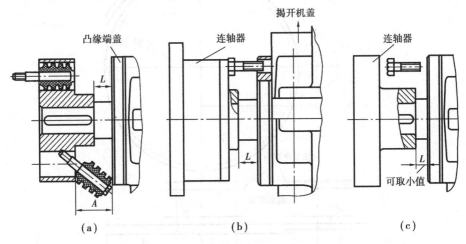

图 6.6　连轴器的装配尺寸关系

③为了安装方便和满足轴承内径的要求，需要确定安装轴承处的轴径 d_2。d_2 一般比前段直径 d_1 大 1~5 mm，要取以 0，5 结尾的数值，同一根轴上的两个轴承要取同一型号、同一规格的轴承，即成对使用。

④安装轴承定位套筒或挡油板处的直径可与轴承处的直径相同（图 6.7(a)），也可不同（图 6.7(b)）。

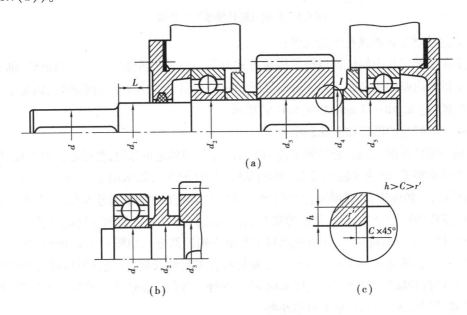

图 6.7　轴的结构

⑤根据受力合理及装拆方便的原则，确定安装齿轮处的直径 d_3。这一段直径比前一段稍大 2~5 mm 即可（详细内容可查阅读教材有关章节中轴的结构设计）。

⑥固定齿轮的轴环直径 d_4，根据固定要求给出，台阶高度应是 $h \geq (2~3)C$，C 为齿轮轮毂孔的倒角尺寸。

⑦固定轴承的轴肩尺寸，应由轴承手册查出。如图 6.8(a)、(b)所示，注意避免不正确的结构设计。如图 6.8(c)、(d)所示。

7)根据安装轴承处的轴径 d_2，选出轴承型号，在图上画出轴承。

8)以上线条画出后，轴上零件的位置、轴的结构和各段直径大小及各段长度都基本确定。这时支点位置、传动件的力作用点位置都能确定下来。支点位置一般可取轴承宽度的中点，对角接触轴承按轴承手册中给出的尺寸 a 确定。传动件的力作用点位置取轮毂宽度的中点，然后用比例尺量出各点间的距离 A、B、C(见图 6.9)，圆整为整数。为使轮毂定位可靠，轴与轮毂配合段的长度应比轮毂长度稍短(2~3)mm。

至此草图设计第一阶段的设计任务基本完成，完成后的图形见图 6.9。

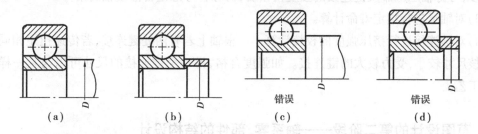

图 6.8 轴承结构

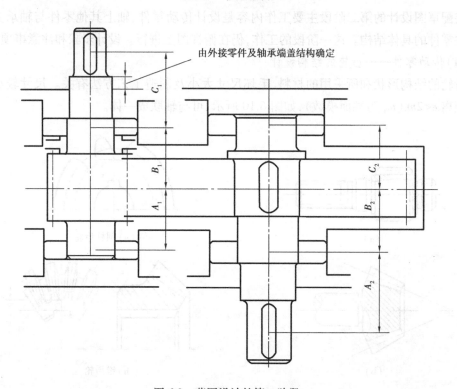

图 6.9 草图设计的第一阶段

3.2 轴、轴承及键连接的校核计算

草图设计第一阶段完成后,即确定了轴的初步结构、支点位置和距离及传动零件力的作用点位置,则可着手对轴、键连接强度及轴承的额定寿命进行校核计算。计算步骤如下:

1)首先确定力学模型,然后求出支反力,画出弯矩、扭矩图,再计算绘制出当量弯矩图。

2)轴的校核计算。根据轴的结构尺寸、应力集中的大小和力矩图判定一个或几个危险截面。用合成弯矩法对轴进行疲劳强度校核计算。

校核结果如强度不够,应加大轴径,对轴的结构尺寸进行修改。如强度足够,且计算应力或安全系数与许用值相差不大,则以轴结构设计时确定的尺寸为准不再修改。若强度富裕过多,可待轴承寿命及键连接的强度校核后,再综合考虑是否修改轴的结构。

3)对轴承进行额定寿命计算。

4)对键连接进行挤压强度的校核计算。一根轴上若有两处键连接,若传递扭矩相同,可只校核尺寸较小,受力较大的键连接。如强度合格,另一个键连接的尺寸可以与它一样,以简化工艺。

3.3 草图设计的第二阶段——轴系零、部件的结构设计

装配草图设计的第二阶段主要工作内容是设计传动零件、轴上其他零件与轴承支点结构有关零件的具体结构。这一阶段的工作,仍在俯视图上进行。设计步骤和注意事项如下:

(1)传动零件——齿轮的结构设计

齿轮的结构形状和所采用的材料、毛坯尺寸大小及制造工艺方法有关。尺寸较小的齿轮的距离 $e<2m_t$(m_t 为端面模数),如图 6.10 所示,可与轴联成一体。

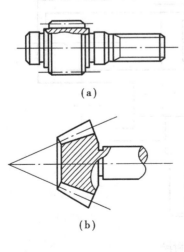

（a）

（b）

图 6.10 齿轮轴

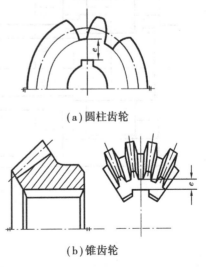

（a）圆柱齿轮

（b）锥齿轮

图 6.11 实心式齿轮结构

当齿轮根圆直径 d_f 小于轴径 d,必须用仿形法加工齿轮,如图 6.12 所示。当齿根圆直径 d_f 大于轴径 d,并且 $e \geqslant 2m_t$ 时,齿轮可与轴分开制造,这时齿轮也可用范成法加工。应尽可能采用轴与齿轮分开的方案,以使结构和工艺简化,降低制造成本。

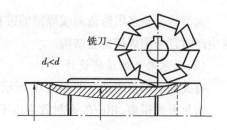

图 6.12　仿形法加工齿轮

　　对直径较大的齿轮(齿顶圆直径 $d_a \leqslant 500$ mm),常用锻造毛坯,制成腹板式结构,如图6.13、图 6.14 所示。当生产批量较大时,宜采用模锻毛坯结构,如图6.14;当批量较小时,宜采用自由锻毛坯结构,如图 6.13 所示。

　　对直径 $d_a \geqslant 400$ mm 的齿轮,宜采用铸造毛坯结构,如图 6.15 所示。

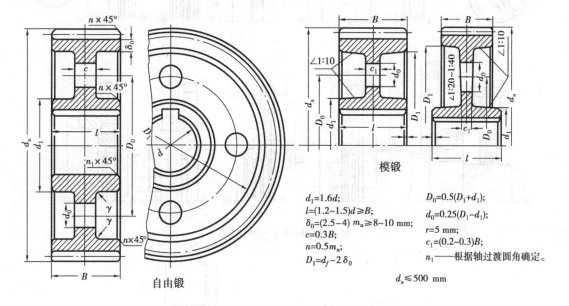

自由锻

模锻

$d_1 = 1.6d$;
$l = (1.2 \sim 1.5)d \geqslant B$;
$\delta_0 = (2.5 - 4) \, m_n \geqslant 8 \sim 10$ mm;
$c = 0.3B$;
$n = 0.5m_n$;
$D_1 = d_f - 2\delta_0$

$D_0 = 0.5(D_1 + d_1)$;
$d_0 = 0.25(D_1 - d_1)$;
$r = 5$ mm;
$c_1 = (0.2 \sim 0.3)B$;
n_1——根据轴过渡圆角确定。

$d_a \leqslant 500$ mm

图 6.13　腹板式结构　　　　　　　　图 6.14　模锻毛坯结构

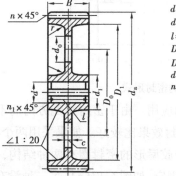

$d_1 = 1.6d$,铸钢;
$d_1 = 1.8d$,铸铁;
$l = (1.2 \sim 1.5)d \geqslant B$;
$D_1 = d_a - 10m_n$;
$D_0 = 0.5(D_1 + d_1)$;
$d_0 = 0.25(D_1 - d_1)$;
$n = 0.5m_n$;

$c = 0.2B \geqslant 10$ mm;
$n = 0.1a$;
r, n_1 按结构确定;
a——中心距。

图 6.15　铸造毛坯结构

大型的齿轮多用铸造的或焊接的带有轮辐的结构,轮辐的断面有各种形状,单件或小批量生产时宜采用焊接齿轮结构。

（2）轴承端盖的结构设计

有关轴承端盖的结构如图 6.16 所示,其结构和尺寸关系详见项目 4 和表 4.2。

密封形式很多,相应的密封效果也不一样,常见的密封形式如图 6.17 所示。

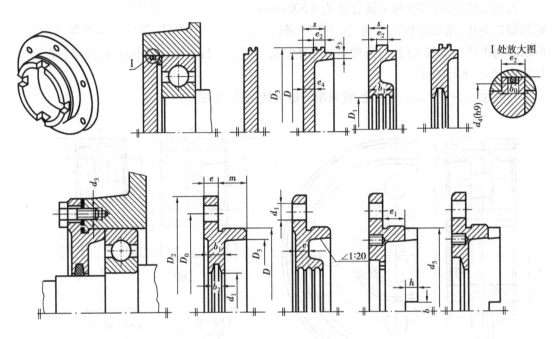

图 6.16　轴承端盖的结构

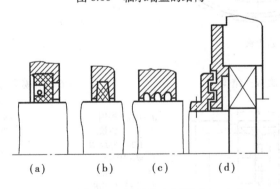

图 6.17　常见的密封形式

橡胶唇形密封圈密封效果较好,得到广泛的应用。由于密封装配方向的不同,密封的效果也有差别,如图 6.16(a)的装配方法对左边密封效果比较好。如果采用两个橡胶唇形的密封圈相对放置在每一边,则两边的效果都好。橡胶唇形的密封圈有两种结构,一种是密封圈内带有金属骨架,与孔配合安装,不需再做轴向固定,如图 6.17(a);另一种没有金属骨架,在结构设计时需要考虑轴向固定装置。

图6.17(b)是毛毡圈油封结构图,其密封效果较差,但结构简单,对润滑脂润滑也能可靠工作。上述两种密封均为接触式密封,要求轴表面粗糙度数值不能太大。图6.17(c)与6.17(d)为油沟和迷宫式密封结构,属于非接触式密封,其优点是可用于高速,如果与其他密封形式配合使用效果将更好。

密封形式的选择,主要是根据密封处轴表面的圆周速度、润滑剂种类、工作温度、圆周环境等因素决定。各种密封适用的参考圆周速度见表6.1。

以上内容都完成后,草图设计第二阶段的情况见图6.18。

表 6.1 各种密封适用的参考圆周速度

密封形式	适用的圆周速度/$(\text{m} \cdot \text{s}^{-1})$
粗羊毛毡圈油封	3 以下
半粗羊毛毡圈油封	5 以下
航空用毡圈油封	6 以下
橡胶唇形油封	8 以下
迷宫油封	10 以下

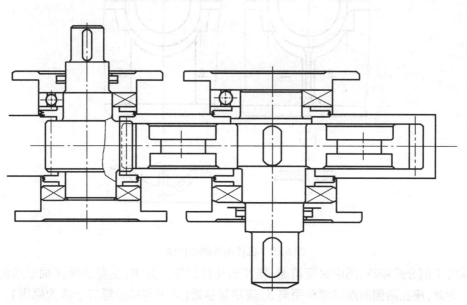

图 6.18 草图设计第二阶段

3.4 草图设计的第三阶段——减速器箱体的结构及附件设计

草图设计的第三阶段是草图设计的最后阶段。这一阶段设计内容是减速器箱体的结构设计和减速器箱体上的附属零件的设计(其结构尺寸项目五中已给出)。设计步骤如下:

(1)减速器箱体的结构设计

箱体设计应在三个基本视图上同时进行,现说明箱体结构设计的步骤和要点。

减速器箱体结构形式分剖分式和整体式两类。剖分式机体应用较多,其剖分面多取传动件轴线的水平平面,本书主要介绍剖分式。

(2)轴承座的设计

①为了保证传动零件的啮合精度,箱体应有足够的刚度。其中,轴承座的刚度的好坏有明显的效果,因此,轴承座的设计应首先考虑增加刚度的问题。

②为了增加轴承座的刚度,轴承座应有足够的厚度。轴承座的厚度一般是机体壁厚的 $2\sim2.5$ 倍,常取 $2.5d_3$, d_3 为轴承盖的连接螺钉的直径。

③为了增加轴承座的刚度,可在轴承座附近加支持肋。肋有外肋和内肋两种结构形式。图 6.19(a)为外肋式,图 6.19(b)为内肋式。内肋刚度大,箱体外表面光滑美观,但铸造工艺复杂,所以多采用外肋式。

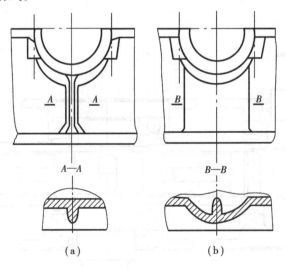

图 6.19 机体的外肋和内肋

④对于剖分式箱体,还应保证箱盖、箱座的连接刚度。其中,主要的保证轴承座的连接刚度。为此,座孔两侧的连接螺栓距离 S_1 应尽量靠近(以不与端盖螺钉干涉为原则)。通常取 $S_1 = D_2$, D_2 为轴承座外径,即取螺栓中心线与轴承座外径 D_2 的圆相切的。为使连接螺栓紧靠座孔,应在轴承座旁位置设置凸台结构,如图 6.20(a)所示,轴承座旁凸台的高度及大小要保证安装轴承旁连接螺栓时有足够的扳手空间 C_1 和 C_2。因此,凸台的高度可以根据 C_1 的大小用作图法确定,如图 6.21 所示,图 6.20(b)所示的结构是没有设计凸台的结构形式, S_2 的距离较 S_1 大了许多,轴承座的连接刚度小,箱体设计时不能采用。设计凸台结构时,应

在三个基本视图上同时进行,其投影关系如图 6.21 和图 6.22(a)所示。当凸台位置在箱壁外侧,凸台可设计成图 6.22(a)、图 6.22(b)、图 6.22(c)所示的结构。当箱体同一侧面有多个大小不等的轴承座时,除了保证扳手空间的 C_1 和 C_2 外,轴承旁凸台的高度应尽量取相同的数值,以保证轴承旁连接螺栓的长度一致,减少了螺栓的规格。

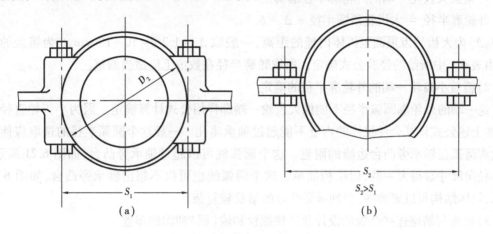

图 6.20　轴承座旁凸台

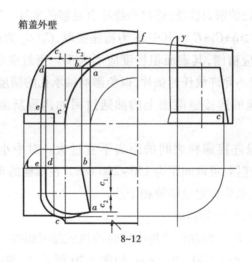

图 6.21　凸台结构的投影关系

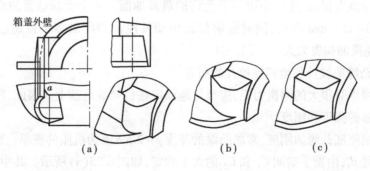

图 6.22　凸台结构

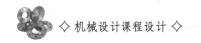

（3）箱体的结构设计

箱体的结构设计，除了上述的轴承座部分外，其他部分的设计也不容忽视，设计的具体要求说明如下：

1）箱盖大齿轮一端的外轮廓半径的确定

外轮廓半径 = 大齿轮顶圆半径 + Δ_1 + δ。

式中，Δ_1 为大齿轮齿顶圆至机体内壁的距离，一般取 $\Delta_1 = 1.2\,\delta = 10 \sim 15$ mm，δ 为箱盖的壁厚，由表 6.1 中所给的经验公式确定。所取轮廓半径在数值上应适当圆整。

2）箱盖小齿轮一端的外轮廓半径的确定

这一端的外轮廓圆弧半径不能像大齿轮一端那样用公式计算确定。因为小齿轮直径较小，按上述公式计算会使机体的内壁不能超过轴承座孔。一般这个圆弧半径的选取应使得外轮廓圆弧在轴承旁凸台边缘的附近。这个圆弧线可以超过轴承旁凸台，如图 6.21 所示，箱体径向尺寸显得大一些，但结构简单。这个圆弧线也可以不超出轴承旁凸台，如图 6.22 所示，箱体结构可以紧凑些，但轴承旁凸台的形状较复杂。

3）箱盖与箱座连接凸缘的设计及连接螺栓和输（回）油沟的布置

为了保证箱体的刚度，箱盖和箱座的连接凸缘厚度为箱体壁厚的 1.5 倍，即 $b = 1.5\delta$。为了保证箱盖和箱座连接处的密封性能，连接凸缘应有足够的宽度。宽度一般取 $B \geq (2 \sim 2.2) d_2$，对于外伸凸缘常取 $B \geq \delta + C_1 + C_2$。其中，$\delta$ 为箱座壁厚，C_1，C_2 为凸缘连接螺栓 d_2 的扳手空间。凸缘的连接表面应精刨，其表面粗糙度应不大于。密封要求高的表面要经过刮研。装配时可涂层密封胶，但不允许放任何垫片，以免影响轴承孔的精度。必要时还可在凸缘上铣出回油沟，使渗入凸缘的连接缝隙面上的油通过回油沟重新流回机体内部，如图 6.26 所示。

为保证密封性，凸缘连接螺栓之间的距离不宜过大。对中小型减速器，一般间距为 100 ~ 150 mm，对大型减速器，可取间距为 150 ~ 200 mm。在螺栓的布置上应尽量做到均匀对称。并注意不要与吊耳、吊钩和定位销等相干涉。

4）箱体中心高和油面位置的确定

箱体中心高的确定应防止浸油传动件回转时油池底部沉积的污物搅起。大齿轮的齿顶圆到油池底面的距离应不小于（30 ~ 50）mm，如图 6.20 所示，详细内容见项目五，应当考虑使用中油被不断蒸发损失，还应给出一个允许的最高油面。中小型减速器的最高油面比最低油面高出（10 ~ 15）mm 即可，同时还应保证传动件浸油深度最多不得超过齿轮半径的 1/4 ~ 1/3。以免搅油损失太大。

5）箱体底凸缘的设计和地脚螺栓孔的布置

箱体底凸缘承受很大的倾覆力矩，应很好地固定在机架或地基上。因此，所设计的地脚座凸缘应有足够的强度和刚度。

为了增加机座底凸缘的刚度，常取凸缘的厚度 $p = 2.5\,\delta$，δ 为机座的壁厚。而凸缘的宽度按地脚螺栓直径 d_f，由扳手空间 C_1 和 C_2 的大小确定，如图 6.23（a）所示。其中，宽度 B 应超过机座的内壁以增加结构的刚度，图 6.23（b）则宽度 B 太小，故是不好的结构。

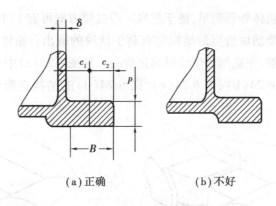

（a）正确　　　　　　（b）不好

图6.23　机座底凸缘

为了增加地脚螺栓的连接刚度，地脚螺栓孔的间隔距离不应太大，一般距离为150～200 mm。地脚螺栓的数量通常取4,6,8个。

6）箱体结构要有良好的工艺性

箱体结构工艺性的好坏，对提高加工精度和装配质量，提高劳动生产率以及便于检修维护等方面有明显的影响，设计时应特别注意如下几点：

①铸造工艺的要求

铸造机体的设计，应考虑铸造工艺的要求，力求形状简单，壁厚均匀，过度平缓，金属不能局部积聚。

考虑到液态金属的流动性，铸件壁厚不可太薄，以免浇铸不足，其壁厚最小值列于表6.2中，砂型铸造圆角半径可取$R \geqslant 5$ mm。

为了避免因冷却不均而造成的内应力裂纹或缩孔，机体各部分壁厚应均匀。当由较厚部分过渡到较薄部分时，应采用平缓的过渡结构。具体尺寸见表6.2和表6.3，详见附表2.6。

表6.2　铸件最小壁厚（砂型铸造）　　　　　　　　　　/mm

材　料	小型铸件≤200×200	中型铸件(200×200)~(500×500)	大型铸件>500×500
灰口铸铁	3~5	8~10	12~15
可锻铸铁	2.5~4	6~2	
球墨铸铁	>6	12	
铸钢	>8	10~12	15~20
铝	3	4	

表6.3　铸件过渡部分尺寸　　　　　　　　　　/mm

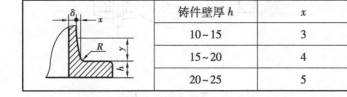

	铸件壁厚h	x	y	R
	10~15	3	15	5
	15~20	4	20	5
	20~25	5	25	5

　　设计箱体时,应使箱体外形简单,便于拔模。沿拔模方向可有 1∶10~1∶20 的拔模斜度。尽量避免活块造型,需要活块造型的结构应有利于活块的取出。箱体上还应尽量避免出现狭缝,否则砂型强度不够,在造型和浇注时易出废品。如图 6.24(a)中两凸台距离的太小,应将凸台连成一块,如图 6.24(b)、图 6.24(c)、图 6.24(d)的结构在造型浇注时就不易出现废品。

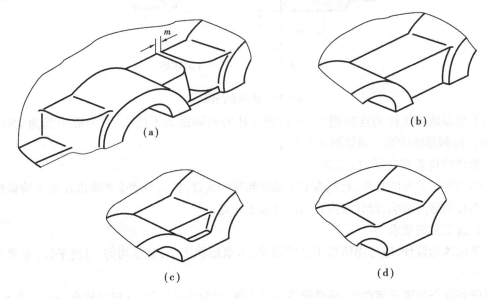

图 6.24　箱体的外形

②机械加工的要求

　　箱体结构形状的设计,应该尽可能减少机械加工的面积,以提高劳动生产率和减少刀具的磨损。要使箱体的任何一处加工面与非加工面严格分开,例如,箱盖的轴承座端面需要进行加工,因而应当凸出,图 6.25(b)为正确的结构,图 6.25(a)为错误的结构。

　　螺栓连接的支承面应当进行机械加工。经常采用圆柱铣刀锪平或沉头座结构。图 6.26所示为结构及加工方法。

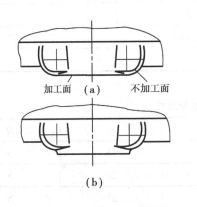

图 6.25　轴承座的端面图

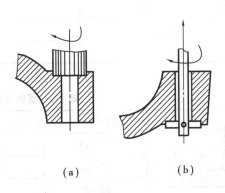

图 6.26　支承面的加工方法

为了保证加工精度并缩短加工工时,应尽量减少在机械加工时工件和刀具的调整次数。例如同一轴心线上的两轴承座孔直径应尽量一致,以便于镗孔和保证镗孔精度。又如同一方向的平面,应尽量一次调整加工。所以各轴承座端面都应在同一平面上,如图 6.27 所示。

　　③减速器的附件设计

　　为了保证减速器的正常工作,还应考虑到怎样便于观察、检查箱内传动件的工作情况;怎样便于润滑油的注入和污油的排放及箱内油面高度的检查;怎样才能便于箱体、箱盖的开启和精确的定位;怎样便于吊装、搬运减速器等问题。因此,在减速器上还要设计一系列辅助零部件作为减速器的附件。减速器附件的结构尺寸及其选择和合理布局的设计在项目五已有详细说明,请查阅有关内容。

　　减速器的附件设计工作完成后,装配草图的设计工作也就基本完成。如图 6.28 所示为一级圆柱齿轮减速器装配草图完成后的情况。

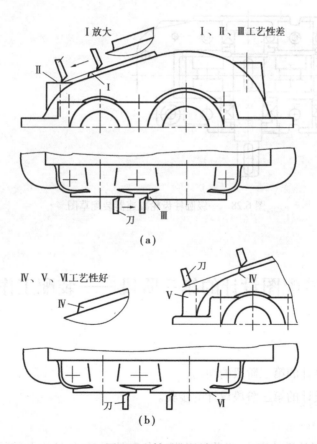

图 6.27　轴承座的端面

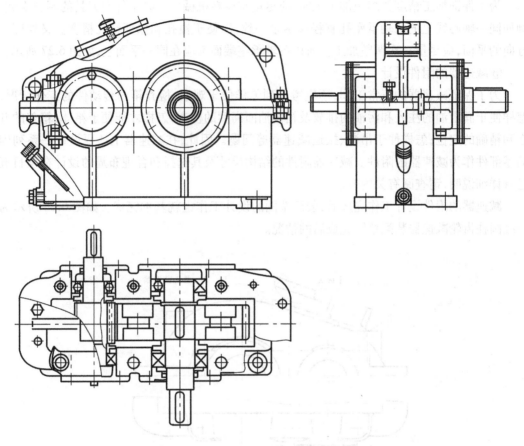

图 6.28　一级圆柱齿轮减速器装配草图

任务 4　装配图设计的第三阶段——装配工作图设计

【学习目标】

1.了解装配图设计的第三阶段的功用;

2.熟悉装配图设计的第三阶段设计的步骤。

【导入】

　　减速器装配草图的设计完成,已将减速器中各零件、部件的结构及其装配关系都基本确定。但作为正式使用于生产的图纸,还要做很多工作才能形成一张完整的图纸——装配工作图。在装配工作图的设计阶段,仍然需要从基本的设计原则出发,对草图的结构设计进行认真的分析检查。对发现的零部件之间的不协调、制造、装配工艺方面考虑不周之处在装配工作图的设计中都必须改正过来。装配工作图主要内容有:按国家机械制图标准规定完成视图的绘制；标注必要的尺寸和配合关系；编写零部件的序号、明细表及标题栏；编制机器的技术特性表；编注技术要求说明等工作。下面就这几个问题进行说明。

4.1　装配工作图视图的绘制

　　装配工作图的视图应该符合国家机械制图标准的规定。以两个或三个视图为主，以必要剖面或局部视图为辅。要尽量把减速器的工作原理和主要装配关系集中表达在一个基本视图上。对于齿轮减速器，尽量集中在俯视图上。装配工作图的各视图应当能完整、清晰地表示各零件的结构形状和尺寸，尽量避免采用虚线。必须表达的内部结构和细部结构可以采用局部剖视图、局部剖面图表达清楚，必要时可局部放大做移出视图处理。

　　画剖视图时，相邻接的零件的剖面线方向或剖面线的间距应取不同，以便区别。对于剖面宽度尺寸较小（≤2 mm）的零件，如垫片，其剖面线允许采用涂黑表示。应该特别注意的是，同一零件在各视图上，其剖面线的方向和间距应取一致。

　　根据机械制图国家标准规定，在装配工作图上某些结构可以采用省略画法、简化画法和示意画法。例如，同一类型、规格尺寸的螺栓连接，可以只画出一个，其他用中心线表示，但所画的这一个必须在各视图上表达完整。又例如，螺栓、螺钉、螺母等可以用简化画法，滚动轴承可以用简化画法或示意画法。但同一张图纸上采用的画法风格应一致。

　　装配图打完底稿后，最好先不要加深，因设计零件工作图时可能还要修改装配图中的某些局部结构或尺寸。待零件工作图设计完成，对装配图再进行必要的修改后再加深完成装配工作图的设计。

4.2　装配工作图的尺寸标注

　　由于装配工作图是装配、安装及包装减速器时所依据的图样，因此在装配图上应标注出以下四类尺寸：

　　1）特性尺寸

　　表明减速器性能、规格和特性的尺寸作为减速器的特性。如传动零件的中心线及其偏差等。

　　2）配合尺寸

　　减速器中主要零件的配合处都应标出尺寸、配合性质和精度等级。配合性质和精度等级的选择对减速器的工作性能、加工工艺及制造成本等都有很大影响，它们也是选择装配方法的依据，应根据有关资料认真确定。如表6.4给出了减速器中主要零件的推荐用配合，供设计时参考。

　　3）安装尺寸

　　减速器在安装时，要与基础、机架或机械设备的某部分相连接。同时减速器还要与电动机或其他传动部分相连接。这就需要在减速器装配图纸上标注出一些与这些相关零件有关

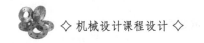

系的尺寸——安装尺寸。

减速器装配图上的安装尺寸主要有:机体底座的尺寸,地脚螺栓孔的直径、间距、地脚螺栓孔的定位尺寸(地脚螺栓孔至高速轴中心线的水平距离),伸出轴端的直径和配合长度以及轴外伸端面与减速器某基准轴线的距离,外伸端的中心高等。

4)外形尺寸

外形尺寸是表示减速器大小的尺寸,以供考虑所需空间大小及工作范围,供车间布置及包装运输时参考。如减速器的总长、总宽和总高的尺寸均属外形尺寸。

标注尺寸时,要将尺寸线布置整齐、清晰。并尽可能集中标注在反映主要结构关系的视图上。多数尺寸应注在视图图形的外边。数字要写得工整清楚。

表 6.4　减速器主要零件的荐用配合

配合零件	荐用配合	装拆方法
一般情况下的齿轮、带轮、链轮、连轴器与轴的配合	$\dfrac{H_7}{r_6};\dfrac{H_7}{n_6};\dfrac{H_7}{k_6}$	温差法或用压力机
滚动轴承内圈孔与轴、外圈与箱体孔的配合	内圈与轴:$j_6;k_6$ 外圈与孔:H_6	温差法或用压力机
轴承、挡油盘、溅油轮与轴的配合	$\dfrac{D_{11}}{k_6};\dfrac{F_9}{k_6};\dfrac{F_9}{m_6};\dfrac{H_8}{h_7};\dfrac{H_8}{h_8}$	徒手装配与拆卸
轴承套杯与箱体孔的配合	$\dfrac{H_7}{js_6};\dfrac{H_7}{h_6}$	
轴承盖与箱体孔(或套杯孔)的配合	$\dfrac{H_7}{d_{11}};\dfrac{H_7}{h_8}$	

4.3　装配工作图上零件序号、明细表和标题栏的编写

为了便于了解减速器的结构和组成,便于装配减速器和做好生产准备工作,必须对装配图上每个不同零件、部件进行编号。同时编制出相应的明细表和标题栏。

(1)零件序号的编注

零件序号的编注应符合国家机械制图标准的有关规定。避免出现遗漏和重复。编号应尽量按顺序整齐排列。凡是形状、尺寸及材料完全相同的零件应编为一个序号。编号的引出线用细实线引到视图的外面。引线之间不得相交,通过剖面时也不应与剖面线平行,但允许引线折弯一次。对于装配关系明显的零件组,如螺栓、螺母及垫圈这样的零件组,可公用一条引出线,但应分别予以编号。有些独立的部件,如滚动轴承、通气器和油标等,虽然是由几个零件所组成,也只编一个序号。序号应安排在视图外边,可沿水平方向或垂直方向顺序整齐排列。序号的字体要求书写工整,字高比尺寸数字高度大一至两号。

(2)明细表

明细表是装配图上所有零、部件的详细目录。明细表应注明各零件、部件的序号、名称、

数量、材料及标准规格等内容。填写明细表的过程也是最后确定各零件、部件的材料和选定标准的过程。应尽量减少材料和标准件的品种和规格。

明细表应紧接在标题栏之上,应自下而上按序号填写,各标准件均需按规定标记书写。写明零件名称、材料、主要尺寸及标准代号,材料应标注具体的牌号。齿轮等零件应标注出主要参数,如模数 m、齿数 z 和螺旋角 β 等。

(3)标题栏

标题栏是表明装配图的名称、视图比例、件数、质量和图号的表格,也是设计者和单位及各种责任者签字的地方。

标题栏应布置在图纸的右下角,紧贴图纸边框线。标题栏虽然没有具体的规格标准,但在一个部门或一个行业都有统一的格式,不得自己随意编制。

机械设计课程设计所采用的明细表和标题栏格式见表6.5和表6.6。

表6.5 明细表格式

05	螺栓M24×80	6	Q235	GB/T 5780—1986	
04	轴	1	45		
03	大齿轮 $m=5,z=79$	1	45		
02	机盖	1	HT200		
01	机座	1	HT200		
序号	名 称	数量	材料	标 准	备 注
10	40	10	20	40	20

(右侧标注:5×7,10)
(下方标注:140)

表6.6 装配图标题栏格式

(装配图名称)		图号		第 张	
				共 张	
		比例		数量	
	设计				
	审阅		机械设计课程设计	(校名班号)	
	成绩				
	日期				
15	25		50	50	

(上方标注:20,30)
(右侧标注:3×7)
(左侧标注:4×7)
(下方标注:140)

注:线型 主框线为实线 b,分格线为 $b/4$

4.4 编制减速器的技术特性表

为了表明设计的减速器的各项运动、动力参数及传动件的主要几何参数,在减速器的装配图上还要以表格形式将这些参数列出。下面列出一级斜齿轮减速器的技术特性的示范表,供设计者参考。

表 6.7　减速器技术特性

输入功率	输入转速	效率	总传动比	传动特性				
/kW	r/min	%	i	m_n	Z_1	Z_2	$β$	精度等级

4.5 编写减速器的技术要求

装配图上都要标注一些在视图上无法表达的关于装配、调整、检验、维护等方面的设计要求,以保证减速器的各种性能。这种设计要求就是技术要求。

技术要求通常包括下面几方面的内容:

(1)对零件的要求

在装配之前,应按图纸要求检验零件的配合尺寸,合格的零件才能装配。所有零件在装配前要用煤油清洗,箱体内不许有任何杂物存在。箱体内壁应涂上防浸蚀的涂料。

(2)对润滑剂的要求

润滑剂起着减少摩擦、降低磨损和散热冷却的作用,对传动性能有很大的影响。所以,在技术要求中应标明传动件和轴承所用润滑剂的牌号、用量、补充和更换的时间。

选择润滑剂应考虑传动类型、载荷性质及运转速度等因素。一般对重载、高速、频繁启动、反复运转等情况,由于形成油膜条件差,温升高应选用粘度高、油性和极压性好的润滑油。对轻载、间歇工作的传动件可取粘度较低的润滑油。当传动件与轴承采用同一润滑剂时,应优先满足传动件的要求,适当兼顾轴承的要求。

一般齿轮减速器常用 40~60 号机械油,对中、重型齿轮减速器可用汽缸油、28 号轧钢机油和各种齿轮油。

传动件和轴承所用润滑剂的具体选择方法可参阅教材或机械设计手册有关内容。机体内装油量的计算为单级减速器每传递 1 kW 功率需油量为 0.35~0.6 m^3。换油时间取决于油内杂质的多少及氧化与污染的程度,一般为半年左右更换一次。当轴承采用润滑脂润滑时,轴承空隙内润滑脂的填入量与速度有关,若轴承转速 $n<1\ 500$ r/min,润滑脂填入量不得超过轴承空隙体积的 2/3;若轴承转速 $n>1\ 500$ r/min,则不得超过轴承空隙体积的 1/3~1/2。润滑脂用量过多会使阻力增大,温升提高,影响润滑效果。

(3)对密封的要求

在试运转过程中,所有连接面及轴伸密封处都不允许漏油。剖分面允许涂以密封胶或水玻璃,但不允许使用任何垫片。轴伸处密封应涂上润滑脂,对橡胶唇形密封圈应注意按图纸所示方向安装。

(4)对安装调整的要求

对减速器进行装配时,滚动轴承必须保证有一定的轴向游隙。应在技术要求中提出游隙的大小。因为游隙的大小将影响轴承的正常工作。游隙过大会使滚动体受载不均,轴系窜动;游隙过小会阻碍轴系受热伸长,增加轴承阻力,严重时会将轴承卡死。当轴承支点跨度大、运转温度升高时,应取较大的游隙。或用一端固定、一端游动的支承结构。

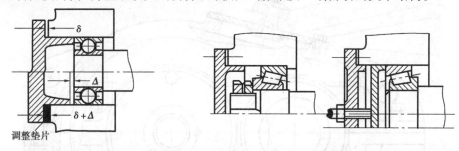

图 6.29　轴承的间隙　　　　　　　　图 6.30　圆螺母调节螺钉

当两端固定的轴承结构中采用不可调间隙的轴承(如深沟球轴承)时,可在端盖与轴承外圈端面间留有适当的轴向间隙 Δ,Δ 一般取($0.4 \sim 0.5$)mm,如图 6.29 所示,以允许轴的热伸长,间隙的大小可以用垫片调整。该图还给出了用调整垫片调整轴向间隙 Δ 的方法。先用端盖将轴承顶紧到轴只能勉强转动,这时轴承的轴向间隙基本消除,而端盖与轴承座端面之间有间隙 δ,δ 由塞尺量得,再用厚度为 $\delta + \Delta$ 的调整垫片置于端盖与轴承座之间,拧紧端盖螺钉,即可得到需要的间隙。调整垫片可采用一组厚度不同的软钢(通常用 08F 钢)薄片组成,其总厚度在 $1.2 \sim 2$ mm。对间隙可调的轴承,如角接触球轴承,应仔细调整其游隙。这种游隙一般都较小,以保证轴承刚性和减少噪声、振动。当运转温升小于 $20 \sim 30$ ℃时,游隙的推荐值请查项目四滚动轴承的有关资料。轴承的轴向间隙还可以采用圆螺母调节螺钉结构形式进行调整,如图 6.30 所示。调整时先把螺母或螺钉拧紧至基本消除轴向间隙,然后再退转螺母或螺钉至需要的轴向间隙为止,再用锁紧螺母(背帽)锁紧即可。这种结构中端盖与轴承座之间的垫片不起调整作用,起密封作用。

在安装齿轮后必须保证需要的侧隙及齿面接触斑点。所以,在技术要求中必须提出这方面的具体数值,供安装后检验用。侧隙和接触斑点的数值由传动精度确定,详见项目七的阐述。

传动侧隙的检查可以用塞尺或铅片塞进相互啮合的两齿间,然后测量塞尺厚度或铅片变形后的厚度。

接触斑点的检查是在主动轮齿面上涂色,当主动轮转动 $2 \sim 3$ 周后,观察从动轮齿面的着色情况,由此分析接触区的位置及接触面积的大小。

当传动侧隙及接触斑点不符合要求时,可对齿面进行刮研、跑合或调整传动件的啮合位置。

(5)对试验的要求

减速器装配好后,在出厂前应对减速器进行试验,试验的规范和要求达到的指标应在技术要求中给出。

试验分空载试验和负载试验两个阶段。一般情况下,作空载试验要求正反转各一小时,要求运转平稳、噪声小,连接固定处不得松动,负载试验时按 25% , 50% , 65% , 100% , 125% 逐级加载,运转各 $1 \sim 2$ 小时,油池温升不得超过 $35 \sim 40$ ℃,轴承温升不得超过 $40 \sim 50$ ℃等。

(6)对包装、运输和外观的要求

对外伸轴及其零件需涂油包装严密,机体表面应涂漆,运输和装卸不可倒置等特殊要求应在技术要求中写明。

单级圆柱齿轮减速器的装配工作图完成情况如图 6.31 所示。

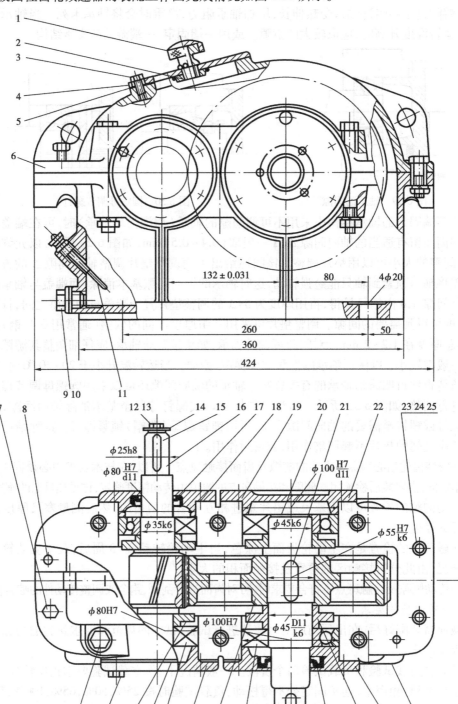

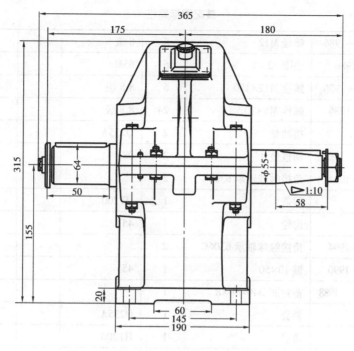

图 6.31 单级圆柱齿轮减速器的装配工作图

技术特性

输入功率 /kW	输入轴转速度 $v/(\text{r.min}^{-1})$	总传动比	效率 η	传动特性					
				β	m_n	齿数		精度等级	
2.169	480	4.0	0.95	9°59′12″	2	z_1	26	8GJ GB 10095 88	
						z_2	104	8HK GB 10095 88	

技术条件

1.装配前,按图样检查零件配合尺寸,合格零件才能装配,所有零件装配前用煤油清洗,轴承用汽油清洗,箱体内不许有任何杂物存在,箱体内壁涂耐油油漆;

2.减速器剖分面、各接触面及密封处均不允许漏油,渗油,箱体剖分面允许涂以密封油漆或水玻璃,不允许使用其他任何填料;

3.调整、固定轴承时应留有轴向游隙 0.05~0.10 mm;

4.齿轮装配后应用涂色法检查接触斑点,沿齿高不小于 30%,沿齿长不小于 50%;齿侧间隙 $j_{min}=0.16$ mm;

5.减速器内装 150 号齿轮油,油量达到规定的深度;

6.减速器外表面涂灰色油漆;

7.按试验规程进行试验。

装配图标题栏

40	GB/T 6160—1986	螺母 M12	6	8 级			
39	GB/T 93—1986	垫圈 12	6	65Mn			
38	GB/T 6682—1986	螺栓 M12×120	6	8.8 级			
37	GB/T 683—1986	螺栓 M8×20	24	8.8 级			
36		挡油盘	2	Q235A			
35		调整垫片	2	08F			成组
34	GB/T 292—1994	角接触球轴承 6306C	2				外购
33		闷盖	1	HT200			
32		齿轮	1	45			
31	GB/T 292—1994	角接触球轴承 6306C	2				外购
30	GB/T 096—1990	键 10×50	1	45			
29	GB/T 9866.1—1988	密封圈 B40×60×8	1				外购
28		轴套	1	Q235A			
27		通盖	1	HT200			
26		箱座	1	HT200			
25	GB/T 5682—1986	螺栓 M10×35	2	8.8 级			
24	24GB/T 6160—1986	螺母 M10	2	8 级			
23	GB/T 93—1986	垫圈 10	2	65Mn			
22		调整垫片	2	08F			成组
21	GB/T 1096—1990	键 14×45	1	45			
20		轴	1	45			
19		闷盖	1	HT200			
18		通盖	1	HT200			
17	GB/T 9866.1—1988	密封圈 B32×52×8	1				外购
16		齿轮轴	1	45			
15	GB/T 1096—1990	键 8×40	1	45			
14	GB/T 892—1986	挡圈 B35	1	Q235A			
13	GB/T 93—1986	垫圈 6	1	65Mn			
12	GB/T 5683—1986	螺栓 M6×16	1	8.8 级			
11		油尺	1	Q235A			
10		垫片	1	石棉橡胶板			
9		螺塞 M20×1.5	1	Q235A			
8	GB/T 116—1986	销 8×35	2	35			
7	GB/T 5683—1986	启盖螺钉 M10×25	1	8.8 级			

6		箱盖	1	HT200			
5	QB 365—81	垫片	1	软钢纸板			
4		视孔盖	1	Q235A			
3	GB/T 5683—1986	螺栓 M6×20	4	8.8 级			
2		垫板	1	Q235A			
1		通气器 M18×10	1				组合号
序号	代号	名称	数量	材料	单件	总计	备注
					质量		

标准	处数	分区	更改文件号	签名	年 月 日	阶段标记		质量	比例	（单位名称）
设计		年 月 日	标准化							单级圆柱齿轮减速器
描图										
审核										（图样代号）
工艺			批准			共 张 第 张				

项目 7

零件工作图设计

●项目概述

本项目完成对零件工作图的设计。零件工作图是零件制造、检验和制订工艺规程的基本技术文件。它既要反映出设计意图，又要考虑到制造的可能性和合理性。零件工作图应包括制造和检验零件所需要的全部内容。因此，在设计和绘制零件工作图时应符合下面提出的要求：

(1)每个零件必须单独绘制在一个标准图幅中，合理安排视图，尽量采用1:1比例，视图的数量应尽量少，但必须把零件各部分的结构形状及尺寸表达清楚。对于细部结构(如环形槽、圆角等)如有必要可用放大比例另行表示。

(2)零件图上要标出制造和检验零件所需要的全部尺寸，标注尺寸时要正确选择基准面，标出足够的尺寸而不重复，并且要便于零件的加工制造，应避免在加工时作任何计算。大部分尺寸最好集中标注在最能反映零件特征的视图上。此外，还应标注出必要的尺寸公差、形位公差和表面粗糙度等。

(3)在图纸上不便用图形或符号表示，而在制造时又必须保证的，还应在零件工作图上提出必要的技术要求。

(4)在图纸右下角应画出标题栏，格式如下。

表7.1　零件工作图标题栏

(零件名称)	图号		比例	
	材料		数量	
设计		机械设计课程设计		(校名班级)
审阅				
成绩				
日期				

任务1 轴类零件工作图的设计要点

【学习目标】

1.了解轴类零件工作图的特点;

2.熟悉轴类零件工作图的设计要点。

【导入】

对不同类型的零件,其工作图的具体内容也各有特点,轴类零件系指圆柱体形状的零件,如轴套、套筒等。

1.1 视图

轴类零件一般只需一个视图,在有键槽和孔的地方,增加必要的剖视图或剖面图。对于不易表达的局部,例如退刀槽、中心孔等,必要时应绘制局部放大图。

1.2 尺寸及其偏差的标注

轴类零件的尺寸主要是直径和长度。

标注长度尺寸时,首先应选好基准面,并尽量使尺寸的标注反映加工工艺的要求,不允许出现封闭的尺寸链(但必要时可以标注带有括号的参考尺寸)。

图7.1所示是轴的尺寸标注示例(它反映了如图7.2所示的主要加工过程)。

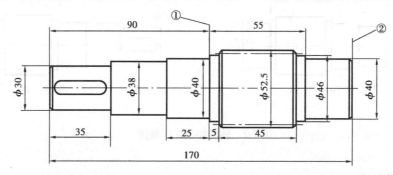

图7.1 轴的尺寸标注

图7.2所示的主要加工过程为:

a.工序1:车两端面、打中心孔,两端面间长170 mm;

b.工序2:中心孔定位,粗车 ϕ 53 mm,长146 mm;精车 ϕ 40 mm,长90 mm;

c.工序 2：车 ϕ 46 mm，长 5 mm；ϕ 37 mm，满足长 25 mm；车 ϕ 30 mm，长 35 mm；

d.工序 3：调头，车 ϕ 52.5 mm，长 45 mm；

e.工序 3：车 ϕ 40 mm，满足长 25 mm；

f.工序 4：铣键槽。

图 7.2 为轴的加工工序简图说明：

①工序图中所标明的加工尺寸即为零件图中的尺寸；

②工序图中未标尺寸是工序过程中自然形成的尺寸，是封闭尺寸，因此零件图中不必标出。

标注径向尺寸时，配合轴段直径的偏差应按装配图上已选定的配合标注。对尺寸及偏差相同的直径应逐一标注，不得省略；对所有倒角、圆角都应标注，或在技术要求中说明。键槽的尺寸偏差及标注方法可查手册。

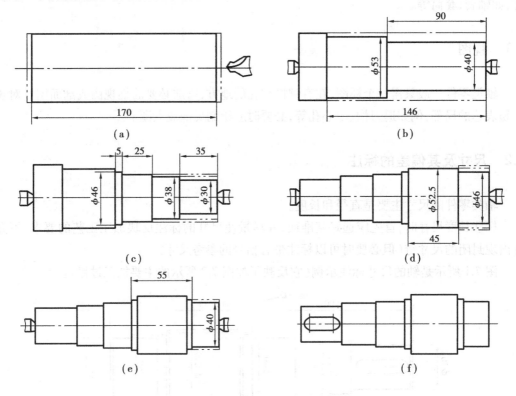

图 7.2 轴的加工工序简图

1.3 表面粗糙度

轴的所有表面都要加工，其表面粗糙度可查手册或参考表 7.2。

表 7.2　**轴类零件表面粗糙度 R_a 的选择**

加工表面	表面粗糙度			
与传动件及连轴器等轮毂相配合的表面	1.6			
与滚动轴承相配合的表面	0.7（轴承内径 $d \leqslant 70$ mm）1.6（轴承内径 $d > 70$ mm）			
与传动件及连轴器相配合的轴肩端面	1.6			
平键键槽	3.2（工作面）6.3（非工作面）			
密封处的表面	粘圈式	橡胶密封式		油沟及迷宫式
	与轴接触处的圆周速度			
	$\leqslant 3$ m/s	> 5 m/s	$> 3 \sim 10$ m/s	3.2 ~ 1.6
	1.6 ~ 0.7	0.7 ~ 0.4	0.4 ~ 0.2	

1.4　形位公差

轴的形位公差标注方法及公差值可参考手册,标注示例如图 7.3 所示。

1.5　技术要求

轴类零件图的技术要求包括:

①对材料表面机械性能的要求,如热处理方法、热处理后的硬度、渗碳深度及淬火深度等;

②对加工的要求,如是否要保留中心孔,若要保留中心孔,应在零件图上画出或按国标加以说明,与其他零件一起配合加工的(如配钻或配铰等)也应说明;

③对于未注明的圆角、倒角的说明,个别部位的修饰加工要求,以及对较长的轴要求毛坯校直等;

④其他必要的说明。

表 7.3　**轴类零件形位公差的选择**

类别	标 注	项目符号	精度等级	对工作性能的影响
形状公差	与滚动轴承相配合的直径的圆柱度	⌭	6	影响轴承与轴配合的松紧及对中性,也会改变内圈跑道的几何形状,缩短轴承寿命
位置公差	与滚动轴承相配合的轴径表面对中心线的圆跳动	↗	6	影响传动件及轴承的运转偏心
	轴承定位端面对中心线的垂直度或端面跳动	⊥	6	影响轴承的定位,造成轴承套圈歪斜,改变滚道的几何形状,恶化轴承的工作条件
	与齿轮等传动零件相配合的表面对中心线的圆跳动	↗	6 ~ 7	影响传动件的运转
	齿轮等传动零件的定位端面对中心线的垂直度或圆跳动	⊥/	6 ~ 7	影响齿轮等传动零件的定位及受载的均匀性
	键槽对中心线的对称度	≡	7 ~ 9	影响键受载的均匀性及装拆的难易

1.6 轴类零件工作图

轴类零件工作图示例如下：

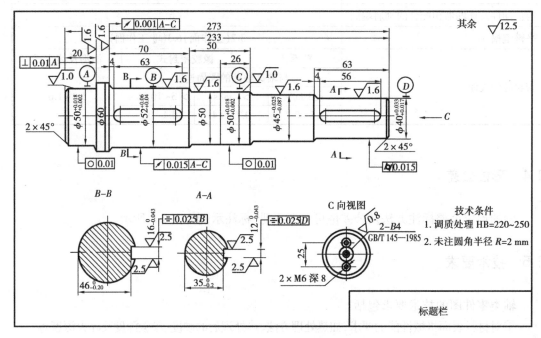

图 7.3 轴类零件工作图示例

任务 2 齿轮类零件工作图的设计要点

【学习目标】

1.了解齿轮类零件工作图的特点；

2.熟悉齿轮类零件工作图的设计要点。

【导入】

齿轮类零件一般需用两个视图表示,对不同类型的齿轮类零件,其工作图的具体内容也各有特点。

2.1 视图

齿轮类零件一般需用两个视图表示。

对于组合式的蜗轮结构,则需分别画出齿圈、轮芯的零件图及蜗轮的组件图。齿轮轴与蜗杆的视图则与轴类零件图相似。为了表达齿形的有关特征及参数(如蜗杆的轴向齿距等),必要时应画出局部剖面图。

2.2　尺寸标注

齿轮类零件的尺寸应按回转体零件进行标注,各径向尺寸以轴的中心线为基准标出,齿宽方向的尺寸以端面为基准标出。对于那些按结构要求确定的尺寸如轮圈的厚度、腹板的厚度、腹板开孔等尺寸均应进行圆整。对铸造和锻造的毛坯,应注出拔模斜度和必要的工艺圆角。

2.3　毛坯尺寸及公差

齿轮类零件在切齿前应加工好毛坯,为了保证切齿精度,在零件工作图上应注意毛坯尺寸和公差的标注。

毛坯尺寸要标注的正确,首先要明确标注的基准,它们主要是基准孔、基准端面和顶圆柱面(锥齿轮为顶圆锥面)。

(1)基准孔

轮毂孔是重要的基准,它不仅是装配的基准,也是切齿和检验加工精度的基准,孔的加工质量直接影响到齿轮的旋转精度。以孔为基准标注的尺寸偏差和形位公差如图7.4、图7.5、图7.6所示。

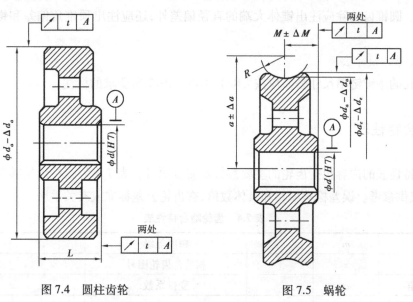

图 7.4　圆柱齿轮　　　　　　　　图 7.5　蜗轮

（2）基准端面

轮毂孔的端面是装配定位基准，切齿时也以它定位。所以除应标出端面对孔中心线的垂直度或端面跳动外，对蜗轮和锥齿轮还应标注出以端面为基准的毛坯尺寸和偏差，如图 7.5、图 7.6 所示。

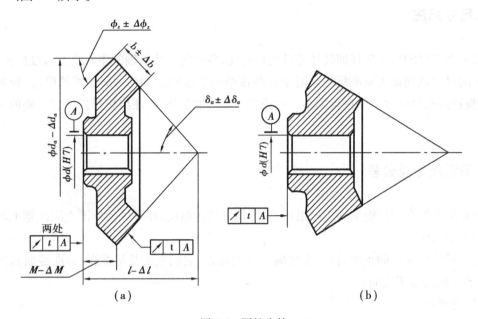

图 7.6　圆锥齿轮

（3）顶圆锥面

圆柱齿轮和蜗轮的顶圆常作为工艺基准和测量的定位基准，因此，应标注出尺寸偏差和形位公差。圆锥齿轮除应注出锥体大端的直径偏差外，还应注出顶锥角偏差和锥面的径向跳动公差。

（4）键槽的尺寸公差

轮毂孔的平键键槽尺寸公差应按 GB/T 1095—1979 所要求的标注。

2.4　啮合特性表

啮合特性表的内容包括齿轮的主要参数及测量项目。表 7.4 为圆柱齿轮啮合特性表具体格式，仅供参考。误差检验项目和具体数值，查齿轮公差标准或有关手册。

表 7.4　齿轮啮合特性表

模数	m		精度等级		
齿数	z		相啮合齿轮图号		
压力角	α		变位系数		x
分度圆直径	d		误差检验项目		
齿顶高系数	$h_a *$				

齿根高系数	h_a*+c*	误差检验项目		
齿全高	h			
螺旋角	β			
轮齿倾斜方向	左或右			

注:1.误差检验项目包括:传递运动的准确性,传动的平稳性,载荷分布的均匀性及齿轮副侧隙的检查测量项目、代号和极限偏差或公差的数值。
2.加工蜗轮齿所用滚刀即相当于与蜗轮相啮合的蜗杆,因此在蜗轮零件图中的啮合特性表中要列出蜗杆的有关参数。
3.一般圆柱齿轮应注公法线平均长度及其极限偏差,若必须标注固定弦齿厚或分度圆弦齿厚时,应画出齿形剖面图,并标注有关尺寸及偏差数值。标注方法可参考有关图册及手册。

2.5　表面粗糙度的标注

齿轮类零件表面有加工表面和非加工表面,其表面粗糙度值均应按各表面工作要求查阅手册或参考表7.5推荐值标注。

表 7.5　齿轮(蜗轮)类零件表面粗糙度 R_a 推荐值

加工表面		表面粗糙度		
	零件名称	传动精度等级		
		7	7	9
轮齿工作面	圆柱齿轮、蜗轮	0.7	1.6	3.2
	圆锥齿轮、蜗杆	0.7	1.6	3.2
齿顶圆		1.6	3.2	3.2
轴孔		0.7	1.6	3.2
与轴肩配合的端面		1.6	3.2	3.2
平键的键槽		3.2~6.3(工作表面)6.3~12.5(非工作表面)		
其他加工表面		6.3~12.5		

2.6　技术要求

技术要求包括下列内容:

(1)对铸件、锻件或其他类型坯件的要求。

(2)对材料的机械性能和化学成分的要求及允许代用的材料。

对材料表面机械性能的要求,如热处理方法、处理后的硬度、渗碳深度及淬火深度等。

(3)对未注明倒角、圆角半径的说明。

(4)对大型或高速齿轮的平衡试验要求。

2.7　齿轮类零件工作图示例

圆柱齿轮类零件工作图示例如图7.7所示。

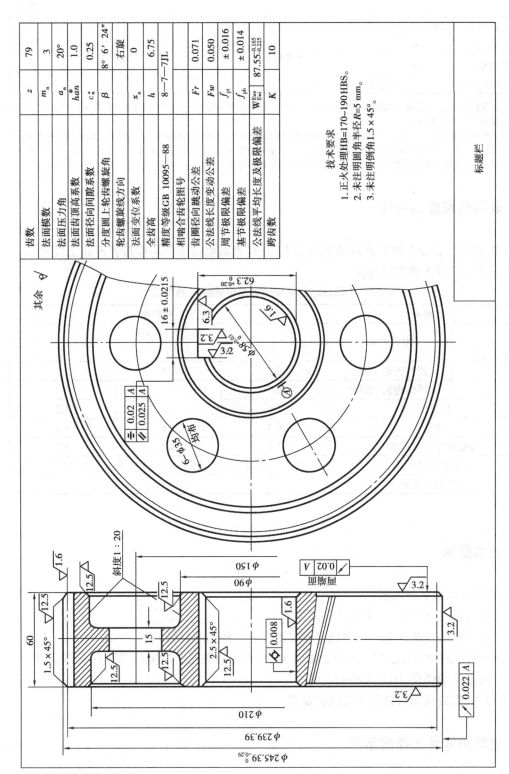

齿数	z	79
法面模数	m_n	3
法面压力角	a_n	20°
法面齿顶高系数	h_{an}^*	1.0
法面径向间隙系数	c_n^*	0.25
分度圆上轮齿螺旋角	β	8° 6' 24"
轮齿螺旋线方向		右旋
法面变位系数	x_n	0
全齿高	h	6.75
精度等级GB 10095—88		8—7—7JL
相啮合齿轮图号		
齿圈径向跳动公差	Fr	0.071
公法线长度变动公差	Fw	0.050
周节极限偏差	f_{pt}	± 0.016
基节极限偏差	f_{pb}	± 0.014
公法线平均长度及极限偏差	W_{Ewi}^{Ews}	$87.55_{-0.225}^{-0.165}$
跨齿数	K	10

技术要求

1. 正火处理HB=170~190HBS。
2. 未注明圆角半径$R=5$ mm。
3. 未注明倒角$1.5 \times 45°$。

标题栏

图 7.7 圆柱齿轮类零件工作图示例

任务 3 铸造箱体零件工作图设计要点

【学习目标】

1.了解铸造箱体零件工作图的特点；

2.熟悉铸造箱体零件工作图设计要点。

【导入】

铸造箱体零件图一般用 3 个基本视图和辅助视图表示,因此,箱体零件图通常都比较复杂,其设计过程和要求也比较复杂。

3.1 视图

铸造箱体零件图一般用 3 个基本视图表示。为表示箱体内部和外部结构尺寸,常需增加一些局部剖视图或局部视图。当两孔不在一条轴线上时,可采用阶梯剖表示。对于油标尺孔、螺栓孔、销钉孔、放油孔等细部结构,可采用局部剖视图表示。

3.2 标注尺寸

箱体尺寸可分为形状尺寸和定位尺寸,尺寸较多,比较复杂。标注尺寸时,既要考虑铸造、加工工艺及测量的要求,又要多而不乱,一目了然,为此,必须注意以下几点:

(1)形状尺寸

形状尺寸是机体各部位形状大小的尺寸,如壁厚、各种孔径及其深度、圆角半径、槽的深宽、螺纹尺寸及机体长高宽等。这类尺寸应直接标出,而不应有任何运算,如壁厚和轴承座孔尺寸的标注。

(2)定位尺寸

定位尺寸是确定机体各部位相对于基准的位置尺寸。如孔的中心线、曲线的中心位置及其有关部位的平面等与基准的距离。定位尺寸都应从基准(辅助基准)直接标注,如用轴承孔中心线作为基准。

(3)基准的选择

应选加工基准作为标注尺寸的基准,这样便于加工和测量,如机座或机盖的高度方向尺寸最好以剖分面(加工基准面)为基准。如不能用此加工面作为设计基准时,应采用计算上比较方便的基准,例如,机体的宽度尺寸可以采用宽度的对称中心线作为基准,如图7.9所示。

(4)对机体长度方向尺寸可取轴承孔中心线作为基准,对于影响机器工作性能的尺寸应直接标出,以保证加工准确性。

如机体孔的中心距及其偏差按齿轮中心距极限偏差注出。又如采用嵌入式端盖结构

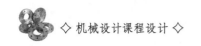

时,机体上沟槽位置尺寸影响轴承轴向固定,故沟槽外侧两端面间的尺寸应直接标出。

(5)标注尺寸要考虑铸造工艺特点。

箱体大多为铸件,因此标注尺寸要便于木模制作。木模常由许多基本形体拼接而成,在基本形体的定位尺寸标出后,其形状尺寸则以自己的基准标注,如窥视孔、油尺孔、放油孔等的尺寸标注。

(6)配合尺寸都应标出其偏差,标注尺寸时应避免出现封闭尺寸链。

(7)所有圆角、倒角、起模斜度等都必须标注或在技术要求中说明。

3.3 表面粗糙度

机体的表面粗糙度荐用值见表 7.6 或从手册中查出。

3.4 形位公差

机体的形位公差设计时参考、查阅有关手册和标准。

表 7.6 减速器机体表面粗糙度荐用值　　　　　　　　　　　　　　　/μm

加工表面	表面粗糙度(R_a)	加工表面	表面粗糙度(R_a)
减速器剖分面	3.2~1.6	减速器底面	12.5
轴承座孔表面	1.6 ~0.7	轴承座外端面	6.3~3.2
圆锥销孔表面	3.2~1.6	窥视孔盖接触面	12.5
螺栓孔沉头座面	12.5	与轴承端盖及套杯配合的孔	12.5

3.5 技术要求

技术要求有如下内容:

(1)箱盖与箱座的轴承孔应用螺栓连接并装入定位销后镗孔;

(2)剖分面上的定位销孔加工,应将箱盖和箱座固定后配钻、配铰;

(3)时效处理及清砂;

(4)箱体内表面需用煤油清洗,并涂防腐漆;

(5)铸造斜度及圆角半径;

(6)箱体应进行消除内应力的处理。

3.6 铸造类箱体零件工作图

箱盖工作图示例如图 7.8 所示,箱座工作图示例如图 7.9 所示。

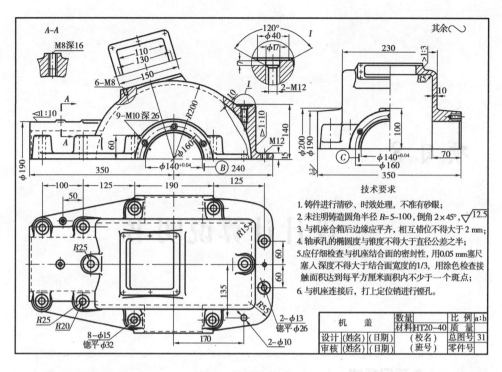

图7.8 箱盖工作图示例

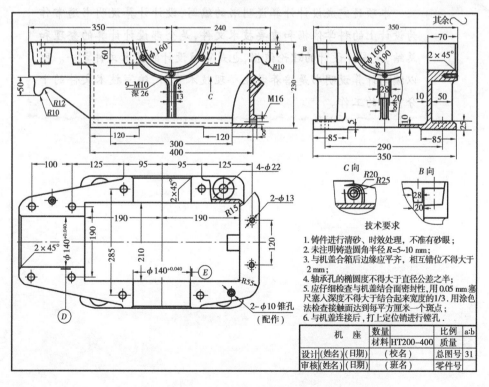

图7.9 箱座工作图示例

项目 8

设计计算说明书

●**项目概述**

　　本项目完成设计计算说明书的编写,设计计算说明书通常作为设计上的科学依据和重要技术文件,是全部设计计算的整理和总结,是图样设计的理论依据,也是审核设计的技术文件之一。所以编写计算说明书是培养学生整理技术资料,编写技术文件的十分重要的工作。

【学习目标】

1.了解设计计算说明书的功用；

2.熟悉设计计算说明书的内容；

3.设计计算说明书的书写示例。

【导入】

当全部图样设计和设计计算完成后，就可以进行计算说明书的编写了。设计计算说明书通常作为设计上的科学依据和重要技术文件，也是全部设计计算的整理和总结，是图样设计的理论依据，而且是审核设计的技术文件之一。

任务 1 设计计算说明书的要求

设计说明书应简要说明设计中所考虑的主要问题和全部计算项目，且应满足以下要求：

(1)计算部分只列出公式，代入有关数据，略去演算过程，直接得出计算结果，最后应有简短的结论(如应力计算中的"低于许用应力"，"在规定范围内"等)，或用不等式表示。

(2)为了清楚地说明计算内容，应附必要的插图(如传动方案简图、轴的结构图、受力、弯矩图和转矩图以及轴承组合形式简图等)。

(3)对所引用的公式和数据，要标明来源即参考资料的编号和页次。对所选主要参数、尺寸和规格及计算结果等，可写在每页的"结果"一栏内(见设计计算说明书的书写示例)，或集中写在相应的计算之中，或采用表格形式列出。

(4)全部计算中所使用的参量符号和脚标，必须前后一致，不要混乱；各参量的数值应标明单位，且单位要统一，写法要一致(即全部用符号或全部用汉字，不要混用)。

(5)计算正确完整，文字精炼通顺，论述清楚明了，书写整洁无勾抹，插图简明。

(6)一般用统一稿纸按合理的顺序及规定格式用钢笔书写。标出页次，编好目录最后加封面装订成册。

任务 2 设计计算说明书的内容

设计计算说明书(如图 8.1)的内容视设计对象而定，对于减速器设计，大致包括以下内容：

(1)目录(标题及页次)；

(2)设计任务书；

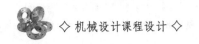

(3)传动方案的拟定(简要说明,附传动方案简图);

(4)电动机的选择,传动系统的运动和动力参数计算(包括计算电动机所需功率,选择电动机的型号,分配各级传动比,计算各轴的转速,功率和转矩);

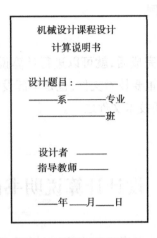

图 8.1　设计计算说明书

(5)传动零件的计算(确定传动零件的主要参数和尺寸);

(6)轴的计算(初估轴径、结构设计和强度校核);

(7)滚动轴承的选择和计算;

(8)键连接的选择和计算;

(9)连轴器的选择;

(10)减速器的润滑和密封形式,润滑油的牌号的选择;

(11)减速器箱体设计(主要结构尺寸的设计计算);

(12)其他技术说明(如减速器附件的选择和说明、装配、拆卸、安装时的注意事项等);

(13)设计小结(简要说明课程设计的体会,本设计的优缺点及改进意见等);

(14)参考资料(资料的编号、作者名、书名、出版地、出版者、出版年月)。

任务3　设计计算说明书的书写示例

例如传动零件的设计计算中的齿轮的设计计算内容,其设计计算说明书的书写格式为如表8.1所示。

表 8.1 设计计算说明书的书写格式

设计内容	计算及说明	结 果
(1)齿轮的设计 　1)选择齿轮材料 　2)按齿面接触强度设计计算	1)传动无特殊要求,制造方便,采用软齿面齿轮。由教材或附表查得,小齿轮选用 40MnB 钢调质,240 ~ 285HBS。大齿轮选用 45 号钢正火,170~210HBS 2)钢齿轮的设计公式按 $$d_1 \geqslant \sqrt[3]{\left(\frac{590}{\sigma_H}\right)^2 \times \frac{u+1}{u} \times \frac{KT_1}{\phi_a}} \text{ mm}$$ $T_1 = 118\,480 \text{ N} \cdot \text{mm}$	小齿轮选用 40MnB 钢调质,大齿轮选用 45#正火
①计算小齿轮传递的转矩 　②选择齿轮齿数 　③齿轮参数选择	小齿轮齿数 $Z_1 = 26$; 大齿轮齿数 $Z_2 = i_2 \cdot Z_1 = 4.71 \times 26 = 123$ 转速不高,功率不大,选择齿轮精度 8 级 载荷平稳,取载荷系数 $K = 1.2$ 齿宽系数:$\phi_a = 0.9$ 由教材查得:$\sigma_{H\,\text{lim}1} = 720 \text{ N/mm}^2$ 　　　　　　$\sigma_{H\,\text{lim}2} = 460 \text{ N/mm}^2$	$T_1 = 118\,480 \text{ N} \cdot \text{mm}$ $Z_1 = 26$ $Z_2 = 123$ 齿轮 8 级精度 $K = 1.2$ $\phi_a = 0.9$
④确定许用接触应力	由教材查得:最小安全系数 $S_{H\text{min}} = 1$ $$[\sigma_H] = \frac{\sigma_{H\text{min}}}{S_{H\text{min}}} = 460 \text{ N/mm}^2$$ $$d_1 \geqslant \sqrt[3]{\left(\frac{590}{460}\right)^2 \times \frac{4.71+1}{4.71} \times \frac{1.2 \times 118\,480}{0.9}} \approx 68.04 \text{ mm}$$ $$a = \frac{d_1}{2}(1+u) = \frac{68.04}{2}\left(1+\frac{123}{26}\right) = 194.97 \text{ mm}$$ 取:$a = 195 \text{ mm}$	$[\sigma_H] = 460 \text{ N/mm}^2$ $d_1 = 68.04 \text{ mm}$ $a = 195 \text{ mm}$

附　录

附录1 减速器装配图常见错误示例

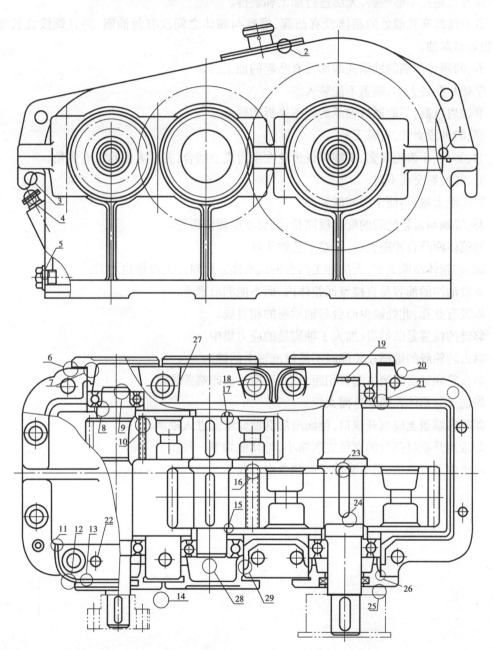

附图1.1

图中数字表示错误的或不好的结构。

①滚动轴承采用油润滑,但油不能流入导油沟内。

②观察孔大小,不便于检查传动件啮合情况,并且没有垫片密封。

③两端吊钩尺寸不同,并且左端吊钩尺寸太小。

④油尺座孔不够倾斜,无法进行加工和装拆。

⑤放油螺塞孔端处的箱体没有凸起,螺塞与箱体之间没有封油圈,并且螺纹孔长度太短,很容易漏油。

⑥、⑫箱体两侧的轴承孔端面没有凸起的加工面。

⑦垫片孔径太小,端盖不能装入。

⑧轴肩过高,不能通过轴承的内圈来拆卸轴承。

⑨、⑲轴段太长,有弊无利。

⑩、⑯大、小齿轮同宽,不能保证齿轮在全齿宽上啮合,并且大齿轮没有倒角。

⑪、⑬投影交线不对。

⑭间距太短,不便于拆卸联轴器。

⑮、⑰轴与齿轮轮毂的配合段同长,轴套不能固定齿轮。

⑱箱体两凸台相距太近,铸造工艺性不好。

⑳、㉗箱体凸缘太窄,无法加工凸台的沉头座。相对应的投影也不对。

㉑输油沟的油容易直接流回箱体内,而不能润滑轴承。

㉒没有此孔,此处缺少凸台与轴承座的相贯线。

㉓键的位置紧贴轴肩,加大了轴肩处的应力集中。

㉔齿轮轮毂的键槽在装配时不易对准轴上的键。

㉕齿轮联轴器与箱体端盖相距太近,不便于拆卸端盖螺钉。

㉖端盖与箱体孔的配合面太短。

㉘所有端盖上应当开缺口,使润滑油低油面就能进入轴承。

㉙端盖开缺口部分的直径应当缩小,与其他端盖一致。

㉚图中没有圈出,图中有若干圆缺少中心线。

附录 2   常见的减速器装配图示例

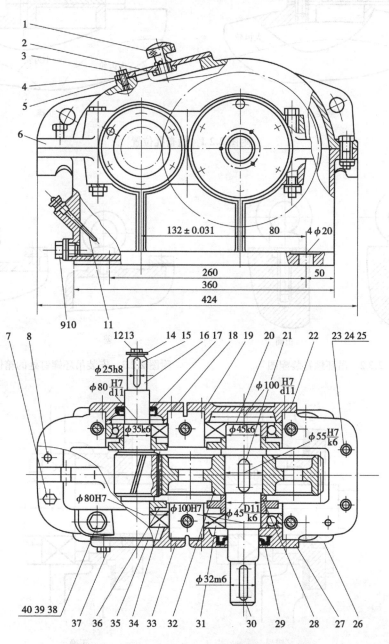

附图 2.1   常见一级圆柱齿轮减速器结构装配图

附图 2.2.1—图 2.2.10：减速器结构设计中的一些常见的正误、优劣参照图例。

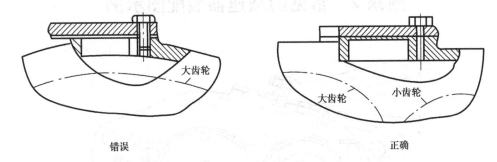

错误   正确

附图 2.2.1   检查孔位置

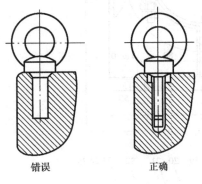

错误   正确

附图 2.2.2   吊环螺钉装配图

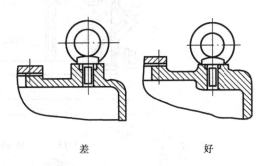

差   好

附图 2.2.3   安装吊环螺钉处的箱体装配结构

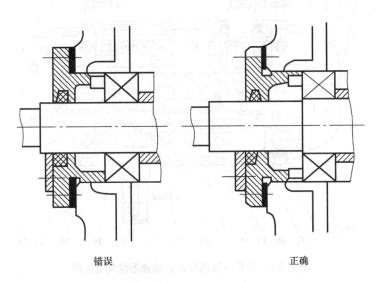

错误   正确

附图 2.2.4   轴承端盖的结构

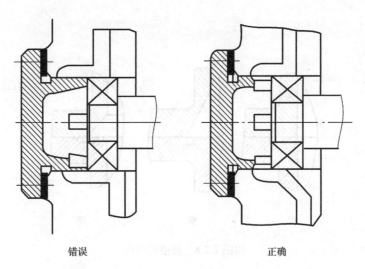

错误　　　　　　　　正确

附图 2.2.5　轴承端盖与轴承接触及油槽的结构

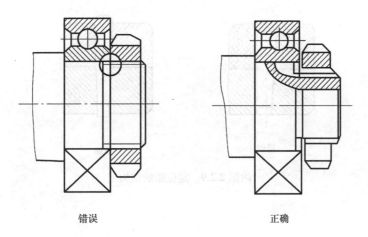

错误　　　　　　　　正确

附图 2.2.6　用圆螺母轴向定位时轴的结构

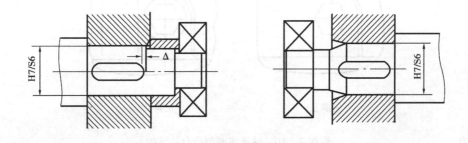

附图 2.2.7　采用过盈配合时键和轴的结构

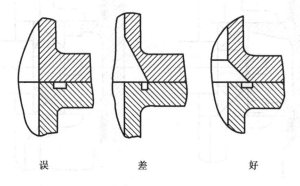

误　　　　　　差　　　　　　好

附图 2.2.8　油槽的结构

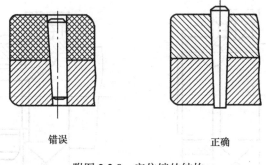

错误　　　　　　　　　正确

附图 2.2.9　定位销的结构

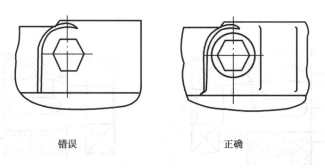

错误　　　　　　　　　正确

附图 2.2.10　轴承座两侧凸台的结构

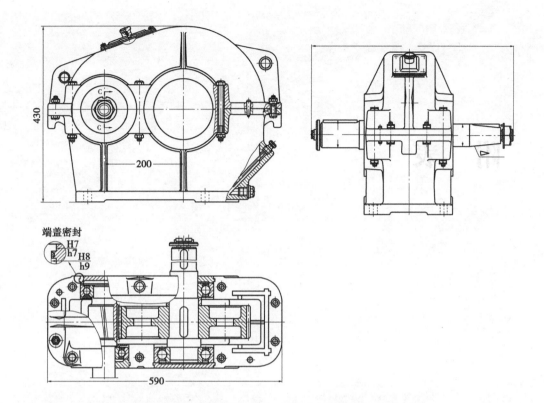

附图 2.3 嵌入式轴承端盖的一级圆柱斜齿轮减速器结构图

　　附图 2.3 中采用嵌入式轴承端盖,结构简单,不用螺钉,而且减轻了重量,缩短了轴承座尺寸。但是,这种结构密封性差,要有密封件。

附　表

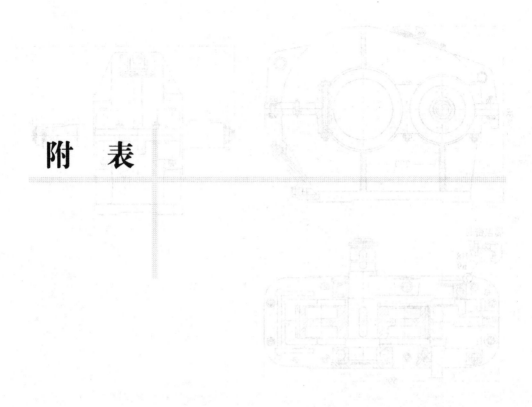

附表1　材　料

附表1.1　钢的常用热处理方法及应用

名　称	说　明	应　用
退火（焖火）	退火是将钢件或钢坯加热到临界温度以上30~50℃保温一段时间，然后再缓慢地冷却下来（一般用炉冷）。	用来清除铸、锻、焊零件的内应力，降低硬度，以易于切削加工，细化金属晶粒，改善组织，增加韧度。
正火（正常化）	正火是将钢件加热到临界温度以上，保温一段时间，然后用空气冷却，冷却速度比退火快。	用来处理低碳和中碳结构钢材或渗碳零件，使其组织细化，增加强度及韧度，减少内应力，改善切削性能。
淬火	淬火是将钢件加热到临界点以上温度，保温一段时间，然后放入水、盐水或油中（个别材料在空气中）急剧冷却，使其提高硬度。	用来提高钢的硬度和强度极限，但淬火时会引起内应力而使钢变脆，所以淬火后必须回火。
回火	回火是将淬硬的钢件回热到临界点以下的温度，保温一段时间，然后在空气中冷却下来。	用来清除淬火后的脆性和内应力，提高钢的塑性和冲击韧度。
调质	淬火后高温回火，称为调质。	用来使钢获得高的韧性和足够的强度，很多重要的零件是经过调质处理的。
表面淬火	使零件表层有高的硬度和耐磨性，而心部保持原有的强度和韧性的处理方法。	表面淬火常用来处理齿轮等。
渗碳	使表面增碳，渗碳层深度0.4~6 mm，或大于6 mm，硬度为56~65HRC。	提高钢的耐磨性能、表面硬度、抗拉强度及疲劳极限。适用于低碳、中碳（小于0.4% C）结构钢的中小零件和大型的重负荷、受冲击、耐磨的零件。
氮碳共渗	使表面增加碳与氮；扩散层尝试较浅，为0.02~3.0 mm；硬度高，在共渗层为0.02~0.04 mm时具有66~70HRC。	提高结构钢、工具钢件的耐磨性能、表面硬度和疲劳极限，提高刀具切削性能和使用寿命。适用于要求硬度高、耐磨的中、小型薄片的零件和刀具等。
渗氮	表面增氮，氮化层为0.025~0.8 mm，而渗氮时间为40~50小时，硬度很高（1.200HV），耐磨、抗蚀性提高。	提高钢件的耐磨性能、表面硬度、疲劳极限和抗蚀能力。适用于结构钢的铸铁件，如汽缸套、气门座、机床主轴、丝杆等耐磨零件，以及在潮湿碱水和燃烧气体介质的环境中工作的零件，如水泵轴、排气阀等零件。

附表 1.2　普通碳素结构钢（GB/T 700—2006）

牌号	屈服强度$^a R_{eH}$/（N/mm^2），不小于						抗拉强度^b R_m/（N/mm^2）	断后伸长率 A/%，不小于					应用举例
	厚度（或直径）/mm							厚度（或直径）/mm					
	≤16	>16~40	>40~60	>60~100	>100~150	>150~200		≤40	>40~60	>60~100	>100~150	>150~200	
Q195	195	185	—	—	—	—	315~430	33	—	—	—	—	塑性好，常用其轧制薄板，拉制线材，制钉和焊接钢管
Q215	215	205	195	185	175	165	335~450	31	30	29	27	26	金属结构件，拉杆、套圈、铆钉、螺栓、短轴、心轴、凸轮（载荷不大的）、垫圈；渗碳零件及焊接件
Q235	235	225	215	215	195	185	370~500	26	25	24	22	21	金属结构件，心部强度要求不高的渗碳零件；吊钩、拉杆、汽缸、齿轮、螺栓、螺母、连杆、楔、轮轴、盖及焊接件
Q275	275	265	255	245	225	215	410~540	22	21	20	18	17	轴、轴销、制动杆、螺栓、螺母、垫圈、连杆、齿轮以及其他强度较高的零件，焊接性尚可

a.Q195 的屈服强度值仅供参考，不作交货条件。

b.厚度大于 100 mm 的钢材，抗拉强度下限允许降低 20 N/mm^2。宽带钢（包括剪切钢板）抗拉强度上限不作交货条件。

c.厚度小于 25 mm 的 Q235B 级钢材，如供方能保证冲击吸收功值合格，经需方同意，可不作检验。

附表 1.3　优质碳素结构钢 (GB/T 699—1999)

钢号	试样毛坯尺寸/mm	推荐热处理/℃			力学性能					钢材交货状硬度 HBS10/300 不大于		应用举例
		正火	淬火	回火	σ_b/MPa	σ_s/MPa	δ_s/%	ψ/%	A_{KU2}/J	未热处理钢	退火钢	
					不小于							
08F	25	930			295	175	35	60		131		用于需塑性好的零件,如轧制薄管子、垫片、垫圈;心部强度要求不高的渗碳和氰化零件,如套筒、短轴支架、离合器盘
20	25	910			410	245	25	25		156		渗碳、液体渗碳共渗后用作重型或中型机械受载不大的轴、螺栓、螺母、开口销、吊钩、垫圈、齿轮、链轮
30	25	880	860	600	490	295	21	50	63	179		用作重型机械上韧性要求高的锻件及其制件,如汽缸、拉杆、吊环、机架
35	25	870	850	600	530	315	20	45	55	197		用于制作曲轴、转轴、轴销、杠杆、连杆、螺栓、螺母、垫圈、飞轮等,多在正火、调质下使用
45	25	850	840	600	600	355	16	40	39	229	197	用作要求综合力学性能高的各种零件,通常在正火或调质下使用,用于制造轴、齿轮、齿条、链轮
65	25	810			695	410	10	30		255	229	用于制作弹簧、弹簧垫圈、凸轮、轧辊等
25Mn	25	900	870	600	490	295	22	50	71	207		用作渗碳件,如凸轮、齿轮、联轴器、铰链、销
40Mn	25	860	840	600	590	355	17	45	47	229	207	用作轴、曲轴、连杆及高应力下工作的螺栓螺母
50Mn	25	830	830	600	645	390	13	40	31	255	217	多在淬火、回火后使用,作齿轮、齿轮轴、摩擦盘、凸轮
60Mn	25	830			735	430	9	30		285	229	耐磨性高,用做圆盘、衬板、齿轮等、花键轴、弹簧、犁

注:
1. 对于直径或厚度小于 25 mm 的钢材,热处理是在与成品截面尺寸相同的试样毛坯上进行。
2. 表中所列正火推荐保温时间不少于 30 min,空冷;淬火推荐保温时间不少于 30 min,70、80 和 85 钢油冷,其余钢水冷;回火推荐保温时间不少于 1 h。

附表 1.4　合金结构钢(GB/T 3077—1999)

牌号	试样毛坯尺寸 /mm	力学性能					钢材退火或高温回火供应状态布氏硬度 HB100/3000 不大于	应用举例
		抗拉强度 σ_b /MPa	屈服点 σ_s /MPa	断后伸长率 δ_s/%	断面收缩率 ψ/%	冲击吸收功 A_{KU2}/J		
		不小于						
30Mn2	25	785	635	12	45	63	207	起重机行车轴,变速箱齿轮
35SiMn	25	885	735	15	45	47	229	可代替40Cr作中小型轴类、齿轮等零件及430℃以下的重要紧固件
42SiMn	25	885	735	15	40	47	229	可代替40Cr、34CrMo钢,做大齿圈
20Cr	15	835	540	10	40	47	179	强度、韧性均高,可代替镍铬钢,用于承受高速、中等或重载荷以及冲击、磨损等重要零件,如渗碳齿轮、凸轮等
40Cr	25	980	785	9	45	47	207	用于要求表面硬度高,耐磨、心部有较高强度、韧性的零件,如传动齿轮和曲轴
35CrMo	25	980	835	12	45	63	229	可代替40CrNi做大截面齿轮和重载传动轴等
20CrMnMo	15	1 180	885	10	45	55	217	用于要求心部强度较高,承受磨损、尺寸较大的渗碳零件,如齿轮、齿轮轴、蜗杆、凸轮、活塞销等,也用于速度较大、受中等冲击的调质零件
20CrMnTi	15	1 080	850	10	45	55	217	用于受变载、中速中载、强烈磨损而无很大冲击的重要零件,如重要的齿轮、轴、曲轴、连杆、螺栓、螺母等
18Cr2Ni4WA	15	1 180	835	10	45	78	269	用于制用承受很高载荷、强烈磨损、截面尺寸较大的重要零件,如内燃机主动牵引齿轮,飞面和坦克中的重要齿轮与轴

注:

1.表中所列温度允许调整范围:淬火±15 ℃,低温回火±20 ℃,高温回火±50 ℃。

2.硼钢在淬火前可先经正火,正火温度应不高于其淬火温度,铬锰钛钢第一次淬火可用正火代替。

3.拉伸试验时试样钢上不能发现屈服,无法测定屈服点 σ_s 情况下,可以测规定残余伸长应力 $\sigma_{r0.2}$。

附表 1.5　灰铸铁（GB/T 9439—2010）

| 牌号 | 铸件壁厚/mm | | 最小抗拉强度 R_m（强制性值）（min） | | 铸件本体预期抗拉强度 R_m（强制性值）（min）/MPa | 应用举例（非标准内容） |
	>	<	单铸试棒/MPa	附铸试棒或试块/MPa		
HT100	5	40	100	—	—	
HT150	5	10	150	—	150	用于小载荷和对耐磨性无特殊要求的零件，如端盖、外罩、手套、手轮、一般机床底座、机身及其复杂零件的滑座
	10	20		—	120	
	20	40		120	110	
	40	80		110	90	
	80	150		100	80	
	180	200		90	—	
HT200	5	10	200	—	205	用于中等载荷和对耐磨性有一定要求的零件，如机床床身、飞轮、汽缸、泵体、活塞、齿轮箱、阀体
	10	20		—	180	
	20	40		170	155	
	40	80		150	130	
	80	150		140	115	
	150	200		130		
HT250	5	10	250	—	230	用于中等载荷和对耐磨性有一定要求的零件，如阀壳、液压缸、汽缸、连轴器、机体、齿轮箱外壳、飞轮、衬套、凸轮、轴承座、活塞等
	10	20		—	200	
	30	40		390	170	
	40	80		370	150	
	80	150		355	135	
	150	300		345	—	
HT300	5	10	300	—	250	用于受力大的齿轮、床身导轨、车床卡盘、剪床、压力机的床身；凸轮、高压液压缸、液压泵和滑阀壳体、冲模模体
	10	20		—	225	
	30	40		210	195	
	40	80		190	170	
	80	150		170	155	
	150	200		100	—	

附表 2　常用数据和一般标准

附表 2.1　常用材料的弹性模量及泊松比

名　称	弹性模量 E/GPa	切变模量 G/GPa	泊松比 μ	名　称	弹性模量 E/GPa	切变模量 G/GPa	泊松比 μ
灰铸铁	118~126	44.3	0.3	轧制锰青铜	108	39.2	0.35
球黑铸铁	173		0.3	有机玻璃	2.35~29.4		
碳钢、镍铬钢合	206	79.4	0.3	电木	1.96~2.94	0.6~2.06	0.35
金钢			0.3	夹布酚醛塑料	3.92~8.83		~
铸钢	220			尼龙 1010	1.068		0.38
铸铝青铜	103	41.1		聚四氟乙烯	1.137~1.42		
铸锡青铜	103						
轧制磷锡铜	113	41.2					

附表 2.2　机械传动和轴承效率概略值

类别	传动形式	效率 η	类别	传动形式	效率 η
圆柱齿轮传动	很好跑合的 6 级精度和 7 级精度齿轮传动（稀油润滑）	0.98~0.995	蜗杆传动	自锁蜗杆	0.40~0.45
				单头蜗杆	0.70~0.75
	8 级精度的一般齿轮传动（稀油润滑）	0.97		双头蜗杆	0.75~0.82
				三头和四头蜗杆	0.82~0.92
				直线型环面蜗杆传动	0.85~0.95
	9 级精度的齿轮传动（稀油润滑）	0.96	带传动	平带无压紧轮的开口传动	0.98
	加工齿的开式齿轮传动（干油润滑）	0.92~0.95		平带有压紧轮的开口传动	0.97
				平带交叉传动	0.90
				V 带传动	0.95
	铸造齿的开式齿轮	0.90~0.93		同步齿形带传动	0.96~0.98
圆锥齿轮传动	很好跑合的 6 级精度和 7 级精度齿轮传动（稀油润滑）	0.97~0.98	链传动	开式	0.90~0.93
	8 级精度的一般齿轮传动（稀油润滑）	0.94~0.97		闭式	0.95~0.97
	加工齿的开式齿轮传动（干油润滑）	0.92~0.95			
	铸造齿的开式齿轮	0.88~0.92	卷筒		0.96

续表

类别	传动形式	效率 η	类别	传动形式	效率 η
滑动轴承	润滑不良	0.94	减速器		0.97~0.98
	润滑正常	0.97		单级圆柱齿轮减速器	0.95~0.96
	润滑特好(压力润滑)	0.98		双级圆柱齿轮减速器	0.95~0.96
	液体润滑	0.99		单级圆锥齿轮减速器	0.94~0.95
				双级圆锥-圆柱齿轮减速器	
滚动轴承	球轴承(稀油润滑)	0.99		无级变速器	0.92~0.95
	滚子轴承(稀油润滑)	0.98		轧机人字齿轮座(滚动轴承)	0.94~0.96
摩擦传动	平摩擦轮传动	0.85~0.96	联轴器	万向连轴器	0.95~0.97
	槽摩擦轮传动	0.88~0.90		梅花接轴	0.97~0.98
	卷绳轮	0.95			
联轴器	浮动连轴器	0.97~0.99 0.99 0.99~0.995 0.97~0.98	复合轮组	滑动轴承($i=2\sim6$)	0.98~0.90
				滚动轴承($i=2\sim6$)	0.99~0.98
			丝杆传动	滑动丝杆	0.30~0.60
				滚动丝杆	0.85~0.90

①轴承效率是指一对轴承的效率。

②滚动轴承的损耗考虑在内。

附表 2.3　　图纸幅面和格式(GB/T 14689—2008)

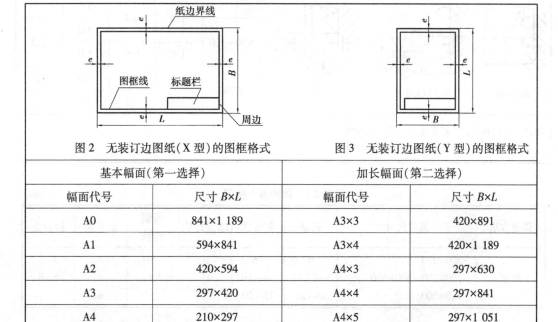

图 2　无装订边图纸(X 型)的图框格式　　图 3　无装订边图纸(Y 型)的图框格式

基本幅面(第一选择)		加长幅面(第二选择)	
幅面代号	尺寸 B×L	幅面代号	尺寸 B×L
A0	841×1 189	A3×3	420×891
A1	594×841	A3×4	420×1 189
A2	420×594	A4×3	297×630
A3	297×420	A4×4	297×841
A4	210×297	A4×5	297×1 051

附表 2.4　图样比例（GB/T 14690—1993）

原值比例	1:1		
放大 比例	2:1　（2.5:1）　（4:1）5:1　$1 \times 10^n:1$　$2 \times 10^n:1$ （$2.5 \times 10^n:1$）　（$4 \times 10^n:10$）　（$5 \times 10^n:1$）		
缩小 比例	（1:1.5）　1:2　（1:2.5）　（1:3）　（1:4）　1:5　$1:1 \times 10^n$ （$1:1.5 \times 10^n$）　（$1:2 \times 10^n$）　（$1:2.5 \times 10^n$）　（$1:3 \times 10^n$）　（$1:4 \times 10^n$）　（$1:5 \times 10^n$）		

注：1.表中 n 为正整数。

　　2.括号内为必要时也允许选用的比例。

附表 2.5　零件倒圆和倒角的推荐值（GB/T 6403.4—2008）

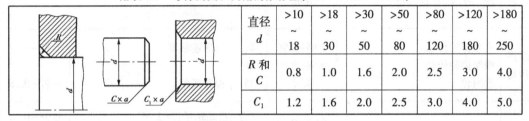

直径 d	>10 ~ 18	>18 ~ 30	>30 ~ 50	>50 ~ 80	>80 ~ 120	>120 ~ 180	>180 ~ 250
R 和 C	0.8	1.0	1.6	2.0	2.5	3.0	4.0
C_1	1.2	1.6	2.0	2.5	3.0	4.0	5.0

附表 2.6　回转面及端面砂轮越程槽（GB/T 6403.5—2008）

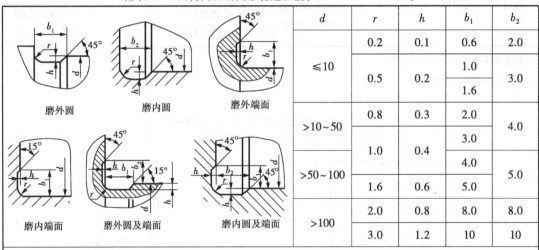

d	r	h	b_1	b_2
≤10	0.2	0.1	0.6	2.0
	0.5	0.2	1.0 1.6	3.0
>10~50	0.8	0.3	2.0	4.0
	1.0	0.4	3.0	
>50~100			4.0	5.0
	1.6	0.6	5.0	
>100	2.0	0.8	8.0	8.0
	3.0	1.2	10	10

磨外圆　磨内圆　磨外端面

磨内端面　磨外圆及端面　磨内圆及端面

注：1.越程槽内与直线相交处，不允许产生尖角。

　　2.越程槽深入 h 与圆弧半径 r，要满足 $r \leqslant 3h$。

附表 2.7　铸件最小壁厚　　　　　　　　　　　　　　/mm

铸造方法	铸件尺寸	铸钢	灰铸铁	球墨铸铁	可锻 铸铁	铝合金	铜合金
砂型	−200×200	8	−6	6	5	3	3~5
	>200×200~500×500	>10~12	>6~10	12	8	4	6~8
	>500×500	15~20	15~20			6	

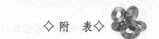

附表3 螺纹及螺纹连接件

附表3.1 普通螺纹（GB/T 196—2003）

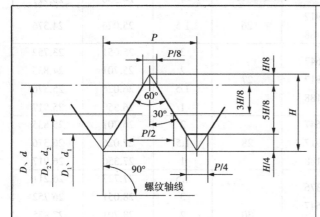

$H=0.866P$，P——螺距
$d_2=d-0.649\,5P$，$d_1=d-1.082\,5P$
D、d——内、外螺纹大径
D_2、d_2——内、外螺纹中径
D_1、d_1——内、外螺纹小径

标记示例：
M24（粗牙普通螺纹，直径 24 mm，螺距3 mm）
M24×1.5（细牙普通螺纹，直径 24 mm，螺距1.5 mm）

公称直径（大径）D、d	螺距P	中径D_2、d_2	小径D_1、d_1	公称直径（大径）D、d	螺距P	中径D_2、d_2	小径D_1、d_1
3	0.5	2.675	2.459	16	2	14.701	13.835
	0.35	2.773	2.621		1.5	15.026	14.376
					1	15.350	14.917
3.5	0.6	3.110	2.850	17	1.5	16.026	15.376
	0.35	3.273	3.121		1	16.350	15.917
4	0.7	3.545	3.242	18	2.5	16.376	15.294
	0.5	3.675	3.459		2	16.701	15.835
					1.5	17.026	16.376
					1	17.350	16.917
4.5	0.75	4.013	3.688	20	2.5	18.376	17.294
	0.5	4.175	3.959		2	18.701	17.835
					1.5	19.026	18.376
					1	19.350	18.917
5	0.8	4.480	4.134	22	2.5	20.376	19.294
	0.5	4.675	4.459		2	20.701	19.835
					1.5	21.026	20.376
					1	21.350	20.917
5.5	0.5	5.175	4.959	24	3	22.051	20.752
					2	22.701	21.835
					1.5	23.026	22.376
					1	23.350	22.917

续表

公称直径（大径）D、d	螺距 P	中径 D_2、d_2	小径 D_1、d_1	公称直径（大径）D、d	螺距 P	中径 D_2、d_2	小径 D_1、d_1
6	1	5.350	4.917	25	2	23.701	22.835
	0.75	5.513	5.188		1.5	24.026	23.376
					1	24.350	23.917
7	1	6.350	5.917	26	1.5	25.026	24.376
	0.75	6.513	6.188				
8	1.25	7.188	6.647	27	3	25.051	23.752
	1	7.350	6.917		2	25.701	24.835
	0.75	7.513	7.188		1.5	26.026	25.376
					1	26.350	25.917
9	1.25	8.188	7.647	28	2	26.701	25.835
	1	8.350	7.917		1.5	27.026	26.376
	0.75	8.513	8.188		1	27.350	26.917
10	1.5	9.026	8.376	30	3.5	27.727	26.211
	1.25	9.188	8.647		3	28.051	26.752
	1	9.350	8.917		2	28.701	27.835
	0.75	9.513	9.188		1.5	29.026	28.376
					1	29.350	28.917
11	1.5	10.026	9.376	32	2	30.701	29.835
	1	10.350	9.917		1.5	31.026	30.376
	0.75	10.351	10.188				
12	1.75	10.863	10.106	33	3.5	30.727	29.211
	1.5	11.026	10.376		3	31.051	29.752
	1.25	11.188	10.647		2	31.701	30.835
	1	11.350	10.917		1.5	32.026	31.376
14	2	12.701	11.835	35	1.5	34.026	33.376
	1.5	13.026	12.376				
	1.25	13.188	12.647				
	1	13.350	12.917				
15	1.5	14.026	13.376	36	4	33.402	31.670
	1	14.350	13.917		3	34.051	32.752
					2	34.701	33.835
					1.5	35.026	34.376

附表 3.2　六角头螺栓—A 和 B 级(GB/T 782—2000) 和六角头螺栓—A 和 B 级(GB/T 5783—2000)

六角头螺栓—A 和 B 级(GB/T 782—2000)　　　　六角头螺栓—A 和 B 级(GB/T 5783—2000)

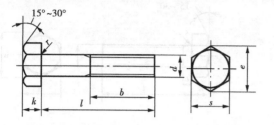 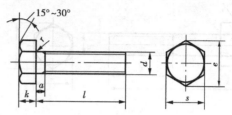

标记示例:A 级的六角头螺栓:螺栓 GB/T 5872—2000　M12×80

　　　　螺纹规格 d=M12 mm,公称长度 l=80 mm,性能等级为 8.8 级,表面氧化。

螺纹规格 d			M4	M5	M6	M8	M10	M12	M16	M20	M24	M30
	s		7	8	10	13	16	18	24	30	36	46
	k		2.8	3.5	4	5.3	6.4	7.5	10	12.5	15	18.7
	r		0.2	0.2	0.25	0.4	0.4	0.6	0.6	0.8	0.8	1
	e		7.7	8.63	10.89	14.2	17.9	20.03	26.75	33.43	39.98	—
	a		2.1	2.4	3	4	4.4	5.3	6	7.5	9	10.5
b 参 考	$l≤125$		14	16	18	22	26	30	38	46	54	66
	$125<l≤200$		20	22	24	28	32	36	44	52	60	72
			33	35	37	41	45	49	57	65	73	85
	l		25~40	25~50	30~60	35~80	40~100	45~120	55~160	65~200	80~240	90~330
全螺纹长度 l			8~40	10~50	12~60	16~80	20~100	25~100	35~100	40~100	40~100	40~100
l 系列			6、8、10、12、16、20、25、30、35、40、45、50、(55)、60、(65)、70、80、90、100、110、120、130、140、150、160、180、200、220、240、260、280、300、320、340、360、380、400、420、440、460、480、500、									

技术条件	材料	力学性能	螺纹公差		产品公差等级	表面处理
	钢	4.6,4.8	GB/T 5872	8 g	C	①不经处理
			GB/T 5783	6 g		②镀锌钝化

注:1.产品等级 A 级用于 $d≤24$ mm 和 $l≤10d$ 或 ≤150 mm 的螺栓,B 级用于 $d>24$ mm 和 $l>10d$ 或 >150 mm的螺栓。

2. M3—M36 为商品规格,M24—M64 为通用规格,带括号大规格尽量不用。

附表 3.3　六角头螺栓—C 级(GB/T 5780—2000)和六角头螺栓—全螺纹—C 级(GB/T 5781—2000)

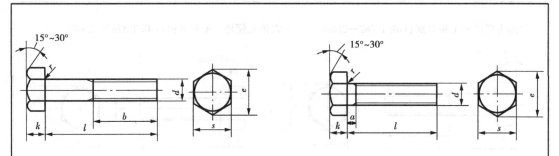

标记示例:C 级的六角头螺栓:螺栓 GB/T 5780—2000　M12×80

螺纹规格 d=M12 mm,公称长度 l=80 mm,性能等级为 4.8 级,不经表面处理。

螺纹规格 d		M5	M6	M8	M10	M12	M16	M20	M24	M30	M36
	s	8	10	13	16	18	24	30	36	46	55
	k	3.5	4	5.3	6.4	7.5	10	12.5	15	18.7	22.5
	r	0.2	0.25	0.4	0.4	0.6	0.6	0.8	0.8	1	1
	e	8.6	10.9	14.2	17.6	19.9	26.2	33	39.6	50.9	60.8
	a	2.4	4	5	6	7	8	10	12	14	16
b 参考	$l\leqslant125$	16	18	22	26	30	38	46	54	66	—
	$125<l\leqslant200$	22	24	28	32	36	44	52	60	72	84
		35	37	41	45	49	57	65	73	85	97
l		25~50	30~60	35~80	40~100	45~120	55~160	65~200	80~240	90~300	110~300
全螺纹长度 l		10~40	12~50	16~65	20~80	25~100	35~100	40~100	50~100	60~100	70~100
l 系列		10、12、16、20、25、30、35、40、45、50、60、70、80、90、100、110、120、130、150、160、180、200、220、240、260、280、300、320、340、360、380、400、420、440、460、480、500									

技术条件	材料	力学性能等级		产品公差等级	表面处理	螺纹公差
	钢	GB/T 5780	$d\leqslant39$ mm 时为 8.8 级	A,B	①氧化	6 g
		GB/T 5781	$d>39$ mm 时按协议		②镀锌钝化	

附表 3.4　1 型六角螺母—A 和 B 级(GB/T 6170—2000)和 1 型六角螺母—C 级(GB/T 41—2000)

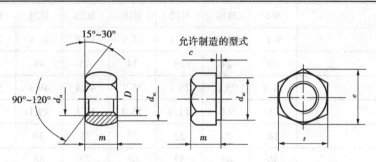

标记示例:标记为:螺母 GB 6170—2000　M12

　　　　螺纹规格 D=M12 mm,性能等级为 10 级,不经表面处理,A 级的 Ⅰ 型六角螺母。

螺纹规格 d		M5	M6	M8	M10	M12	M16	M20	M24	M30	M36
d_a(min)		5	6	8	10	12	16	20	24	30	36
d_w(min)		6.9	8.9	11.6	14.6	16.6	22.5	27.7	33.3	42	51.1
c(max)		0.5	0.5	0.6	0.6	0.6	0.8	0.8	0.8	0.8	0.8
e(min)		8.79	11.05	14.38	17.77	20.03	26.75	32.95	39.55	50.85	60.79
m	GB/T 6170	4.7	5.2	6.8	8.4	10.8	14.8	18	21.5	25.5	31
	GB/T 41	5.6	6.4	7.9	9.5	12.2	15.9	19	22.3	26.4	31.9
s(max)		8	10	13	16	18	24	30	36	46	55

技术条件		材料		力学性能等级	螺纹公差	产品公差等级			表面处理
	GB/T 6170	钢		6,8,10	6H	A 级用于 $D{\leqslant}16$ mm, B 级用于 $D>16$ mm			不经表面处理或 表面镀锌钝化
	GB/T 41			4,5	7H	C			

附表 3.5　吊环螺钉(GB/T 825—1988)

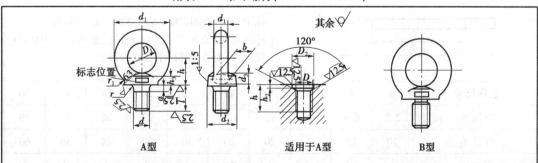

A 型	适用于 A 型	B 型

标记示例:规格为 M20 mm,材料为 20 钢,经正火处理,不经表面处理的 A 型吊环螺钉的标记:

　　　　螺钉 GB/T 825—1988　M20

　　　　末端倒角或倒圆按 GB/T 2 的规定,A 型无螺纹部分杆径≈螺纹中径=螺纹大径

续表

规格 d	M8	M10	M12	M16	M20	M24	M30	M36
d_1	9.1	11.1	13.1	15.1	17.4	21.4	25.7	30.0
D_1(公称)	20	24	28	34	40	48	56	67
d_2(max)	21.1	25.1	29.1	35.2	41.4	49.4	57.7	69.0
h_3(max)	7.0	9.0	11.0	13.0	15.1	19.1	23.2	27.4
l(公称)	16	20	22	28	35	40	45	55
d_1(参考)	36	44	52	62	72	88	104	123
h	18	22	26	31	36	44	53	63
r_2	4	4	6	6	8	12	15	18
r(min)	1	1	1	1	1	2	2	3
a_2(max)	3.75	4.50	5.25	6.00	7.50	9.00	10.50	12.00
a	2.0	3.0	3.5	4.0	5.0	6.0	7.0	8.0
b	10	12	14	16	19	24	28	32
D(max)	M8	M10	M12	M16	M20	M24	M30	M36
D_2(公称)	13.00	15.00	17.00	22.00	28.00	32.00	38.00	45.00
h_2(公称)	2.50	3.00	3.50	4.50	5.00	7.00	8.00	9.50
单螺钉起吊质量/t(max)	0.16	0.25	0.4	0.63	1	1.6	2.5	4
双螺钉起吊质量/t(max)	0.08	0.125	0.2	0.32	0.5	0.8	1.25	2

附表 3.6　平垫圈—C 级(GB/T 95—2002)

标记示例:垫圈 GB/T 95—2002　8　100 HV

标准系列,公称尺寸 $d=8$ mm,性能等级为 100 HV 级,不经表面处理的平垫圈的标记

公称尺寸	5	6	8	10	12	16	20	24	30	36
内径 d_1	5.5	6.6	9	11	13.5	17.5	22	26	33	39
外径 d_2	10	12	16	20	24	30	37	44	56	66
厚度 h	1	1.6	1.6	2	2.5	3	3	4	4	5

附表 3.7　标准型弹簧垫圈（GB/T 93—1987）

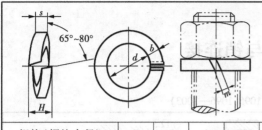

标记示例:垫圈 GB、93—87　16
规格 16 mm,材料为 65Mn,表面氧化的标准型弹簧
垫圈的标记

规格（螺纹大径）		5	6	8	10	12	(14)	16	(18)	20	(22)	24	30
d	min	5.1	6.1	8.1	10.2	12.2	14.2	16.2	18.2	20.2	22.5	24.5	30.5
$s(b)$	公称	1.3	1.6	2.1	2.6	3.1	3.6	4.1	4.5	5	5.5	6	7.5
H	max	3.25	4	5.25	6.5	7.75	9	10.25	11.25	12.5	13.75	15	18.75
$m\leqslant$		0.65	0.8	1.05	1.3	1.55	1.8	2.05	2.25	2.5	2.75	3	3.75

附表 3.8　紧固件通孔及沉头座孔尺寸（GB/T 5277—1985、GB/T 152.4—1988）

螺栓或螺钉直径		4	5	6	8	10	12	16	18	20	24	30
螺栓、螺柱和螺钉用通孔 直径	精装配	4.3	5.3	6.4	8.4	10.5	13	17	19	21	25	31
	中等装配	4.5	5.5	6.6	9	11	13.5	17.5	20	22	26	33
	粗装配	4.8	5.8	7	10	12	14.5	18.5	21	24	28	35
六角螺栓六角螺母用沉孔 GB/T 152.4—8	d_2	10	11	13	18	22	26	33	36	40	48	61
	d_3	—	—	—	—	—	16	20	22	24	28	36
内六角圆柱螺钉用沉孔 GB/T 152.3—88	d_2	8.0	10.0	11.0	15.0	18.0	20.0	26.0	—	33.0	40.0	48.0
	t	4.6	5.7	6.8	9.0	11.0	13.0	17.5	—	21.5	25.5	32.0
	d_3	—	7.0	—	—	—	16	20	—	24	28	36

附表4　键与销连接

附表 4.1　平键(GB/T 1095,1096—2003)

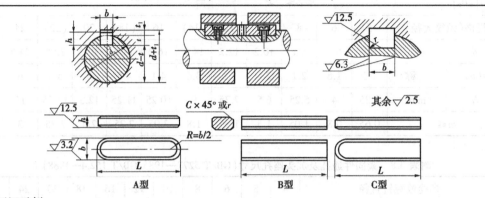

标记示例:

键 16×100　GB/T 1096—2003(圆头普通平键(A 型)$b=16$ mm,$h=10$ mm,$L=100$ mm)

键 B16×100　GB/T 1096—2003(平头普通平键(B 型)$b=16$ mm,$h=10$ mm,$L=100$ mm)

键 C16×100　GB/T 1096—2003(单圆头普通平键(B 型)$b=16$ mm,$h=10$ mm,$L=100$ mm)

轴	键	键 槽										
		宽 度 b					深 度				半径 r	
		公称尺寸 b	极 限 偏 差				轴 t		毂 t_1			
公称直径 d	公称尺寸 $b×h$		较松键连接		一般键连接		较紧键连接轴和毂 P9	公称尺寸	极限偏差	公称尺寸	极限偏差	最小	最大
			轴 H9	毂 D10	轴 N9	毂 J_S9							
6~8	2×2	2	+0.0250	+0.060 +0.020	−0.004 −0.029	±0.012 5	−0.006 −0.031	1.2	+0.10	1	+0.10	0.08	0.16
>8~10	3×3	3						1.8		1.4			
>10~12	4×4	4	+0.0300	+0.078 +0.030	0 −0.030	±0.015	−0.012 −0.042	2.5		1.8		0.16	0.25
>12~17	5×5	5						3.0		2.3			
>17~22	6×6	6						3.5		2.8			
>22~30	8×7	8	+0.0360	+0.098 +0.040	0 −0.036	±0.018	−0.015 −0.051	4.0		3.3		0.25	0.40
>30~38	10×8	10						5.0		3.3			
>38~44	12×8	12	+0.0430	+0.120 +0.050	0 −0.043	±0.021 5	−0.018 −0.061	5.0	+0.20	3.3	+0.20	0.25	0.40
>44~50	14×9	14						5.5		3.8			
>50~58	16×10	16						6.0		4.3			
>58~65	18×11	18						7.0		4.4			

轴	键	键 槽										
		宽度 b					深 度				半径 r	
			极 限 偏 差				轴 t		毂 t_1			
公称直径 d	公称尺寸 b×h	公称尺寸 b	较松键连接		一般键连接		较紧键连接 轴和毂 P9	公称尺寸	极限偏差	公称尺寸	极限偏差	最小	最大
			轴 H9	毂 D10	轴 N9	毂 J_S9						
>65~75	20×12	20	+0.0520	+0.149 +0.065	0 −0.052	±0.026	−0.022 −0.074	7.5	+0.200	4.9	+0.200	0.40	0.60
>75~85	22×14	22						9.0		5.4			
>85~95	25×14	25						9.0		5.4			
>95~110	28×16	28						10.0		6.4			

注:1.在工作图中,轴槽深用 t 或(d−t)标注,轮毂槽深用(d+t_1)标注.

2.(d−t)和(d+t_1)两组组合尺寸的极限偏差按相应的 t 和 t_1 极限偏差选取,但(d−t)极限偏差应取负号.

3.键尺寸的极限偏差 b 为 h8,h 为 h11,L 为 h14.

4.图中表面粗糙度非 GB 1095—79,1096—79 的内容,供参考.

附表 4.2　圆柱销(GB/T 119—1986)和圆锥销(GB/T 117—1986)

标记示例:

销 GB/T 119—1986　A8×30

或　GB/T 117—1986　A8×30

公称直径 d = 8 mm,长度 l = 30 mm,材料为 35 钢,热处理硬度 28~38HRC,表面氧化处理的 A 型圆柱销(A 型圆锥销):

$R_1 \approx d$

$R_2 \approx d + \dfrac{l-2a}{50}$

公称直径 d			3	4	5	6	8	10	12	16	20	25
圆柱销	$a \approx$		0.4	0.5	0.63	0.8	1.0	1.2	1.6	2.0	2.5	3.0
	$c \approx$		0.5	0.63	0.8	1.2	1.6	2.0	2.5	3.0	3.5	4.0
	l 公称		8~30	8~40	10~50	12~60	14~80	18~95	22~140	26~180	35~200	50~200
圆锥销	d	min	2.96	3.95	4.95	5.95	7.94	9.94	11.93	15.93	19.92	24.92
		max	3	4	5	6	8	10	12	16	20	25
	$a \approx$		0.4	0.5	0.63	0.8	1.0	1.2	1.6	2.0	2.5	3.0
	l(公称)		12~45	14~55	18~60	22~90	22~120	26~160	32~180	40~200	45~200	50~200
l(公称)的系列			12~32(2 进位),35~100(5 进位),100~200(20 进位)									

附表 5　轴系零件的紧固件

附表 5.1　轴肩挡圈(GB/T 886—1986)

公称直径 d(轴径)	$D_1 \geqslant$	轻系列径向轴承用		中系列径向轴承和轻系列径向推力轴承用		重系列径向轴承和中系列径向推力轴承用	
		D	H	D	H	D	H
20	22	—	—	27		30	
30	32	36		38		40	
35	37	42		45	4	47	5
40	42	47	4	50		52	
45	47	52		55		58	
50	52	58		60		65	
55	58	65		68		70	
60	63	70		72		75	
65	68	75	5	78	5	80	6
70	73	80		82		85	
75	78	85		88		90	
80	83	90	6	95	6	100	8
90	93	100		105		110	
100	103	115	8	115	8	120	10

标记示例:

挡圈　GB/T 886—1986　40×52

直径 d=40 mm,D=52 mm,材料为 35 号钢,不经热处理及表面处理的轴肩挡圈

附表 5.2　螺钉紧固轴端挡圈(GB/T 891—1986)和螺栓紧固轴端挡圈(GB/T 892—1986)　/mm

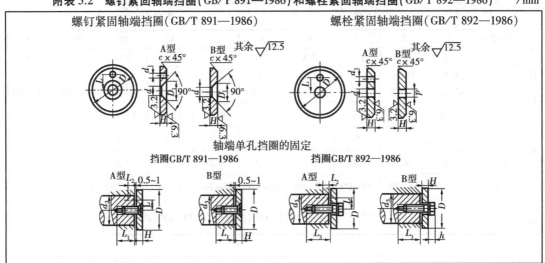

标记示例： 挡圈 GB/T 891—1986 45

公称直径 $D=45$ mm，材料为 Q235A，不经表面处理的 A 型螺钉紧固轴肩挡圈。

若按 B 型制造，应加标记 B，即挡圈 GB/T 891—1986 B45

轴径 ≤	公称直径 D	H	L	d	d_1	c	螺钉紧固轴肩挡圈			螺栓紧固轴端挡圈			安装尺寸(参考)			
							D_1	螺钉 GB/T 819—1985 （推荐）	圆柱 GB/T 119—1986 （推荐）	垫圈 GB/T 93—1987 （推荐）	圆柱 GB/T 119—1986 （推荐）	垫圈 GB/T 93—1987 （推荐）	L_1	L_2	L_3	h
14	20	4	—													
16	22	4	—													
18	25	4	—	5.5	2.1	0.5	11	M5×12	A2×10	M5×16	A2×10	5	14	6	16	4.8
20	28	4	7.5													
22	30	4	7.5													
25	32	5	10													
28	35	5	10													
30	38	5	10	6.6	3.2	1	13	M6×16	A3×12	M6×20	A3×12	6	18	7	20	5.6
32	40	5	12													
35	45	5	12													
40	50	5	12													
45	55	16	16													
50	60	16	16													
55	65	16	16	9	4.2	1.5	17	M8×20	A4×14	M8×25	A4×14	8	22	8	24	7.4
60	70	20	20													
75	90	25	25	13	5.2	2	25	M12×25	A5×16	M12×30	A5×16	12	26	10	28	10.6
85	100	25	25													

注：1. 挡圈装在带螺纹中心孔的轴端时，紧固用螺栓允许加长。

2. 挡圈材料为：Q235A，35 和 45 钢。

3. 用于轴端上固定零(部)件。

附表 5.3 轴用弹性挡圈—A 型 (GB/T 894.1—1986) /mm

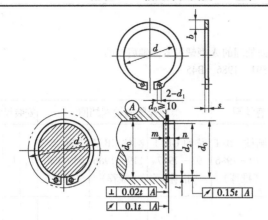

标记示例:
挡圈 GB/T 894.1—1986 50
(轴径 $D=50$ mm,材料 65Mn,
热处理 44~51HRC,经表面氧化
处理的 A 型轴用弹性挡圈)
d_3——允许套入的最小孔径

轴径	挡	圈			沟槽(推荐)			孔 d_3	轴径	挡	圈			沟槽(推荐)			孔 d_3
d_0	d	s	$b\approx$	d_1	d_2	m	$n\geq$	$\geq$	d_0	d	s	$b\approx$	d_1	d_2	m	$n\geq$	$\geq$
18	16.5		2.48	1.7	17			27	50	45.8				47			64.8
19	17.5				18			28	52	47.8		5.48		49			67
20	18.5	1			19	1.1	1.5	29	55	50.8				52			70.4
21	19.5		2.68		20			31	56	51.8	2			53	2.2		71.7
22	20.5				21			32	58	53.8				55			73.6
24	22.2				22.9			34	60	55.8				57			75.8
25	23.2		3.32	2	23.9		1.7	35	62	57.8		6.12		59			79
26	24.2				24.9			36	63	58.8				60	4.5		79.6
28	25.9	1.2	3.60		26.6	1.3		38.4	65	60.8				62			81.6
29	26.9		3.72		27.6		2.1	39.8	68	63.5				65			85
30	27.9				28.6			42	70	65.5			3	67			87.2
32	29.6		3.92		30.3			44	72	67.5		6.32		69			89.4
34	31.5		4.32		32.3	2.6		46	75	70.5				72			92.2
35	32.2				33			48	78	73.5				75			96.2
36	33.2		4.52	2.5	34		3	49	80	74.5	2.5			76.5	2.7		98.2
37	34.2				35			50	82	76.5				78.5			101
38	35.2	1.5			36	1.7		51	85	79.5		7.0		81.5			104
40	36.5				37.5			53	88	82.5				84.5	5.3		107.3
42	38.5		5.0		39.5			56	90	84.5		7.6		86.5			110
45	41.6				42.5	3.8		59.4	95	89.5		9.2		91.5			115
48	43.5				45.5			62.8	100	94.5				96.5			121

附表 5.4　孔用弹性挡圈——A 型（GB/T 893.1—1986）　　/mm

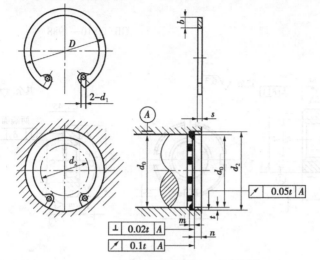

标记示例：

挡圈 GB/T 893.1—1986　50
（孔径 $d_0 = 50$ mm，材料 65Mn，热处理硬度 $44 \sim 51$HRC，经表面氧化处理的 A 型孔用弹性挡圈）
d_3——允许套入的最小孔径

孔径 d_0	挡圈 D	s	$b \approx$	d_1	沟槽（推荐）d_2	m	$n \geqslant$	轴 $d_3 \leqslant$
30	32.2	1.2	3.2		31.4	1.3	2.1	18
32	34.4				33.7			20
34	36.5			2.5	35.7		2.6	22
35	37.8	1.5			37			23
36	38.8		3.6		38		3	24
37	39.8				39	1.7		25
38	40.8	1.5			40			26
40	43.5		4	3	42.5			27
42	45.5				44.5		3.8	29
45	48.5		4.7		47.5			31
48	51.5				50.5	1.7	3.8	33
50	54.2	2	4.7		53			36
52	56.2				55			38
55	59.2				58			40
56	60.2	2	5.2		59	2.2	4.5	41
58	62.2				61			43
60	64.2		5.2		63			44
62	66.2				65			45
65	69.2		5.2		68			48
70	74.5		5.7		73			53
72	76.5				75		4.5	55
75	79.5		6.3		78			56
78	82.5				81			60
80	85.5				83.5			63
82	87.5	2.5	6.8	3	85.5	2.7		65
85	90.5				88.5			68
88	93.5		7.3		91.5			70
90	95.5				93.5		5.3	72
95	100.5				98.5			75
98	103.2		7.7		101.5			78
100	105.5				103.5			80
102	108		8.1		106			82
105	112				109			83
108	115	3	8.8	4	112	3.2	6	86
110	117				114			88
112	119		9.3		116			89

注：图中公差要求 $\boxed{0.05t \mid A}$、$\perp \boxed{0.02t \mid A}$、$\boxed{0.1t \mid A}$

附表 5.5　圆螺母(GB/T 812—1988)和小圆螺母(GB/T 810—1988)　　　/mm

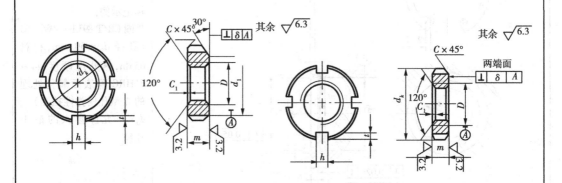

标记示例:螺母　GB/T 810—1988　M16×1.5 小圆螺母　(GB/T 810—1988)
螺纹规格 D=M16×1.5、材料为 45 钢,槽或全部热处理硬度 35~45HRC,表面氧化的圆螺母和小圆螺母。

圆螺母(GB/T 812—1988)									小圆螺母(GB/T 810—1988)							
螺纹规格	d_k	d_1	m	h		t		C	C_1	螺纹规格	d_k	m	h		t		C	C_1
$D×P$				max	min	max	min			$D×P$			max	min	max	min		
M10×1	22	16	8	4.3	4	2.6	2	0.5		M10×1	20	6	4.3	4	2.6	2	0.5	
M12×1.25	25	19								M12×1.25	22							
M16×1.5	30	22								M14×1.5	25							
M18×1.5	32	24								M16×1.5	28							
M20×1.5	35	27								M18×1.5	30							
M24×1.5	42	34		5.3	5	3.1	2.5			M20×1.5	32							
M25×1.58*	42	34								M22×1.5	35							0.5
M27×1.5	45	37						1	0.5	M24×1.5	38		5.3	5	3.1	2.5		
M30×1.5	48	40								M27×1.5	42							
M35×1.5*	52	43	10							M30×1.5	45	8						
M36×1.5	55	46								M33×1.5	48						1	
M39×1.5	58	49		6.3	6	3.6	3			M36×1.5	52							
M40×1.5*	58	49								M39×1.5	55		6.3	6	3.6	3		
M45×1.5	68	59								M42×1.5	58							

续表

螺纹规格 D×P	d_k	d_1	m	h max	h min	t max	t min	C	C_1
M48×1.5	72	61	12	8.36	8	4.25	3.5		
M50×1.5*	78	67							
M52×1.5	78	67							
M55×2*	90	79							
M60×2	95	84						1.5	
M65×2*	100	88							
M68×2	105	93							
M72×2*	105	93	15	10.36	10	4.75	4		
M80×2	115	103							1
M85×2	120	108							
M90×2	125	112							
M95×2	130	117							
M100×2	135	122	18	12.43	12	5.75	5		
M105×2	140	127							

螺纹规格 D×P	d_k	m	h max	h min	t max	t min	C	C_1
M45×1.5	62	10	8.36	8	4.25	3.5		
M48×1.5	68							
M52×1.5	72							
M56×2	78						1.5	
M60×2	80							
M64×2	85							
M68×2*	90							
M72×2	95							
M76×2	100							1
M80×2	105	12	10.	10	4.75	4		
M85×2	110							
M90×2	115						1.5	
M95×2	120							
M100×2	125							
M105×2	130	15	12.43	12	5.75	5		

注:1.当 D×P≤M100 mm 时,槽数为4;当 D×P≥M105 mm 时,槽数为6。
2. * 仅用于滚动轴承装置。

附表5.6　圆螺母用止动垫圈(GB/T 858—1988)　　/mm

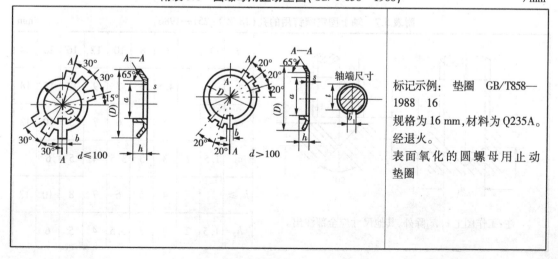

标记示例:　垫圈　GB/T858—1988　16
规格为16 mm,材料为Q235A。
经退火。
表面氧化的圆螺母用止动垫圈

续表

规格(螺纹大径)	d	D(参考)	D_1	s	b	a	h	轴端		规格(螺纹大径)	d	D(参考)	D_1	s	b	a	h	轴端	
								b_1	t									b_1	t
18	18.5	35	24			15			14	52	52.5	82	67			49			48
20	20.5	38	27			17			16	55*	56					52			—
22	22.5	42	30			19	4		18	56	57	90	74		7.7	53		8	52
24	24.5	45	34	1	4.8	21		5	20	60	61	94	79			57	6		56
25*	25.5					22			—	64	65	100	84	1.5		61			60
27	27.5	48	37			24			23	65*	66					62			—
30	30.5	52	40			27			26	68	69	105	88			65			64
33	33.5	56	43			30			29	72	73	110	93		9.6	69		10	68
35*	35.5					32			—	75*	76					71			—
36	36.5	60	46			33			32	76	77	115	98			72			70
39	39.5	62	49		5.7	36	5	6	35	80	81	120	103			76			74
40*	40.5			1.5		37			—	85	86	125	108	2		81	7		79
42	42.5	66	53			39			38	90	91	130	112		11.6	86		12	84
45	45.5	72	59			42			41	95	96	135	117			91			89
48	48.5	76	61		7.7	45		8	44	100	101	140	122			96			94
50*	50.5					47			—	105	106	145	127			101			99

注：*仅用于滚动轴承装置。

附表 5.7　轴上固定螺钉用的孔(JB/ZQ 4251—1986)　　　/mm

d	3	4	6	8	10	12	16	20	24
d_1			4.5	6	7	9	12	15	18
c_1			4	5	6	7	8	10	12
c_2	1.5	2	3	3	3.5	4	5	6	
$h_1 \geqslant$			4	5	6	7	8	10	12
h_2	1.5	2	3	3	3.5	4	5	6	

注:工作图上 c_1, c_2 除外,其他尺寸应全部注出。

附表 6　常用滚动轴承

附表 6.1　圆锥滚子轴承（GB/T 297—1994）

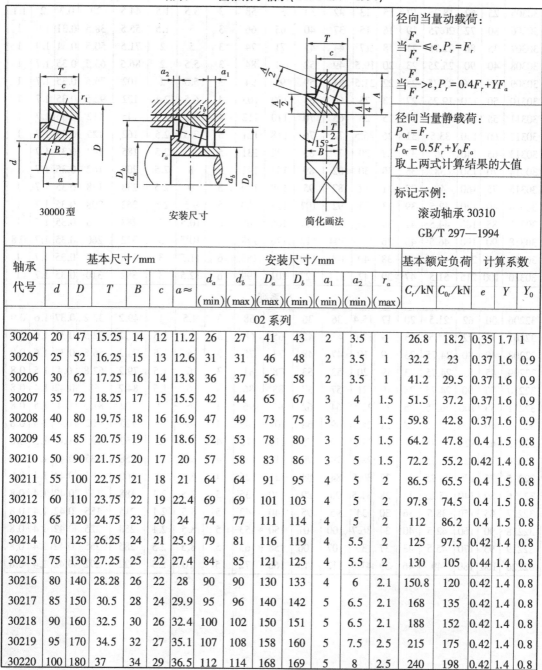

径向当量动载荷：

当 $\dfrac{F_a}{F_r} \le e$，$P_r = F_r$

当 $\dfrac{F_a}{F_r} > e$，$P_r = 0.4F_r + YF_a$

径向当量静载荷：

$P_{0r} = F_r$

$P_{0r} = 0.5F_r + Y_0 F_a$

取上两式计算结果的大值

标记示例：

滚动轴承 30310
GB/T 297—1994

30000型　　　安装尺寸　　　简化画法

轴承代号	基本尺寸/mm						安装尺寸/mm							基本额定负荷		计算系数		
	d	D	T	B	c	$a\approx$	d_a (min)	d_b (max)	D_a (max)	D_b (min)	a_1 (min)	a_2 (min)	r_a (max)	C_r/kN	C_{0r}/kN	e	Y	Y_0
02 系列																		
30204	20	47	15.25	14	12	11.2	26	27	41	43	2	3.5	1	26.8	18.2	0.35	1.7	1
30205	25	52	16.25	15	13	12.6	31	31	46	48	2	3.5	1	32.2	23	0.37	1.6	0.9
30206	30	62	17.25	16	14	13.8	36	37	56	58	2	3.5	1	41.2	29.5	0.37	1.6	0.9
30207	35	72	18.25	17	15	15.5	42	44	65	67	3	4	1.5	51.5	37.2	0.37	1.6	0.9
30208	40	80	19.75	18	16	16.9	47	49	73	75	3	4	1.5	59.8	42.8	0.37	1.6	0.9
30209	45	85	20.75	19	16	18.6	52	53	78	80	3	5	1.5	64.2	47.8	0.4	1.5	0.8
30210	50	90	21.75	20	17	20	57	58	83	86	3	5	1.5	72.2	55.2	0.42	1.4	0.8
30211	55	100	22.75	21	18	21	64	64	91	95	4	5	2	86.5	65.5	0.4	1.5	0.8
30212	60	110	23.75	22	19	22.4	69	69	101	103	4	5	2	97.8	74.5	0.4	1.5	0.8
30213	65	120	24.75	23	20	24	74	77	111	114	4	5	2	112	86.2	0.4	1.5	0.8
30214	70	125	26.25	24	21	25.9	79	81	116	119	4	5.5	2	125	97.5	0.42	1.4	0.8
30215	75	130	27.25	25	22	27.4	84	85	121	125	4	5.5	2	130	105	0.44	1.4	0.8
30216	80	140	28.28	26	22	28	90	90	130	133	4	6	2.1	150.8	120	0.42	1.4	0.8
30217	85	150	30.5	28	24	29.9	95	96	140	142	5	6.5	2.1	168	135	0.42	1.4	0.8
30218	90	160	32.5	30	26	32.4	100	102	150	151	5	6.5	2.1	188	152	0.42	1.4	0.8
30219	95	170	34.5	32	27	35.1	107	108	158	160	5	7.5	2.5	215	175	0.42	1.4	0.8
30220	100	180	37	34	29	36.5	112	114	168	169	5	8	2.5	240	198	0.42	1.4	0.8

续表

轴承代号	基本尺寸/mm						安装尺寸/mm							基本额定负荷		计算系数		
	d	D	T	B	c	$a\approx$	d_a (min)	d_b (max)	D_a (max)	D_b (min)	a_1 (min)	a_2 (min)	r_a (max)	C_r/kN	C_{0r}/kN	e	Y	Y_0
03 系列																		
30304	20	52	16.25	15	13	11	27	28	45	48	3	3.5	1.5	31.5	20.5	0.3	2	1.1
30305	25	62	18.25	17	15	13	32	34	55	58	3	3.5	1.5	44.5	30	0.3	2	1.1
30306	30	72	20.75	19	16	15	37	40	65	66	3	5	1.5	55.5	38.5	0.31	1.9	1
30307	35	80	22.75	21	18	17	44	45	71	74	3	5	2	71.5	50.5	0.31	1.9	1
30308	40	90	25.25	23	20	19.5	49	52	81	84	3	5.5	2	86.5	63.5	0.35	1.7	1
30309	45	100	27.75	25	22	21.5	54	59	91	94	3	5.5	2	102	76.5	0.35	1.7	1
30310	50	110	19.25	27	23	23	60	65	100	103	4	6.5	2.1	122	92.5	0.35	1.7	1
30311	55	120	31.5	29	25	25	65	70	110	112	4	6.5	2.1	145	112	0.35	1.7	1
30312	60	130	33.5	31	26	26.5	72	76	118	121	5	7.5	2.5	162	125	0.35	1.7	1
30313	65	140	36	33	28	29	77	83	128	131	5	8	2.5	185	142	0.35	1.7	1
30314	70	150	38	35	30	30	82	89	138	141	5	8	2.5	208	162	0.35	1.7	1
30315	75	160	40	37	31	32	87	95	148	150	5	9	2.5	238	188	0.35	1.7	1
30316	80	170	42.5	39	33	34	92	102	158	160	5	9.5	2.5	262	208	0.35	1.7	1
30317	85	180	44.5	41	34	36	99	107	166	168	6	10.5	3	288	228	0.35	1.7	1
30318	90	190	46.5	43	36	37.5	104	113	176	178	6	10.5	3	322	260	0.35	1.7	0.8
30319	95	200	49.5	45	38	40	109	118	186	185	6	11.5	3	348	282	0.35	1.7	1
30320	100	215	51.5	47	39	42	114	127	201	199	6	12.5	3	382	310	0.35	1.7	1
22 系列																		
32206	30	62	21.5	20	17	15.4	36	36	56	58	3	4.5	1	49.2	37.2	0.37	1.6	0.9
32207	35	72	24.5	23	19	17.6	42	42	65	68	3	5.5	1.5	67.2	52.5	0.37	1.6	0.9
32208	40	80	24.75	23	19	19	47	48	73	75	3	6	1.5	74.2	56.8	0.37	1.6	0.9
32209	45	85	24.75	23	19	20	52	53	78	81	3	6	1.5	79.2	62.8	0.4	1.5	0.8
32210	50	90	24.75	23	19	21	57	57	83	86	3	6	1.5	84.2	68	0.42	1.4	0.8
32211	55	100	26.75	25	21	22.5	64	62	91	96	4	6	2	102	81.5	0.4	1.5	0.8
32212	60	110	29.75	28	24	24.5	69	68	101	105	4	6	2	125	102	0.4	1.5	0.8
32213	65	120	32.75	31	27	27.5	74	75	111	115	4	6	2	152	125	0.4	1.5	0.8
32214	70	125	33.25	31	27	28.5	79	79	116	120	4	6.5	2	158	135	0.42	1.4	0.8
32215	75	130	33.25	31	27	30.5	84	84	121	126	4	6.5	2	160	135	0.44	1.4	0.8
32216	80	140	35.25	33	28	31.5	90	89	130	135	5	7.5	2.1	188	158	0.42	1.4	0.8
32217	85	150	38.5	36	30	34	95	95	140	143	5	8.5	2.1	215	185	0.42	1.4	0.8
32218	90	160	42.5	40	34	36.7	100	101	150	153	5	8.5	2.1	258	225	0.42	1.4	0.8
32219	95	170	45.5	43	37	39	107	106	158	163	5	8.5	2.5	285	255	0.42	1.4	0.8
32220	100	180	49	46	39	41.8	112	113	168	172	5	10	2.5	322	292	0.42	1.4	0.8

续表

轴承代号	基本尺寸/mm						安装尺寸/mm							基本额定负荷		计算系数		
	d	D	T	B	c	$a\approx$	d_a(min)	d_b(max)	D_a(max)	D_b(min)	a_1(min)	a_2(min)	r_a(max)	C_r/kN	C_{0r}/kN	e	Y	Y_0
23 系列																		
32304	20	52	22.52	21	18	13.4	27	28	45	48	3	4.5	1.5	40.8	28.8	0.3	2	1.1
32305	25	62	25.25	24	20	15.5	32	32	55	58	3	5.5	1.5	58	42.5	0.3	2	1.1
32306	30	72	28.75	27	23	18.8	37	38	65	66	4	6	1.5	77.5	58.8	0.31	1.9	1
32307	35	80	32.75	31	25	20.5	44	43	71	74	4	8	2	93.3	72.2	0.31	1.9	1
32308	40	90	35.25	33	27	23.4	49	49	81	83	4	8.5	2	110	87.8	0.35	1.7	1
32309	45	100	38.25	36	30	25.6	54	56	91	93	4	8.5	2	138	111.8	0.35	1.7	1
32310	50	110	42.25	40	33	28	60	61	100	102	5	9.5	2.1	168	140	0.35	1.7	1
32311	55	120	45.5	43	35	30.6	65	66	110	111	5	10.5	2.1	192	162	0.35	1.7	1
32312	60	130	48.5	46	37	32	72	72	118	122	6	11.5	2.5	215	180	0.35	1.7	1
32313	65	140	51	48	39	34	77	79	128	131	6	12	2.5	245	208	0.35	1.7	1
32314	70	150	54	51	42	36.5	82	84	138	141	6	12	2.5	285	242	0.35	1.7	1
32315	75	160	58	55	45	39	87	91	148	150	7	13	2.5	328	288	0.35	1.7	1
32316	80	170	61.5	58	48	42	92	97	158	160	7	13.5	2.5	365	322	0.35	1.7	1
32317	85	180	63.5	60	49	43.6	99	102	166	168	8	14.5	3	398	352	0.35	1.7	1
32318	90	190	67.5	64	53	46	104	107	176	178	8	14.5	3	452	405	0.35	1.7	1
32319	95	200	71.5	67	55	49	109	114	186	187	8	16.5	3	488	438	0.35	1.7	1
32320	100	215	77.5	73	60	53	114	122	201	201	8	17.5	3	568	515	0.35	1.7	1

附表 6.2　深沟球轴承(GB/T 276—1994)

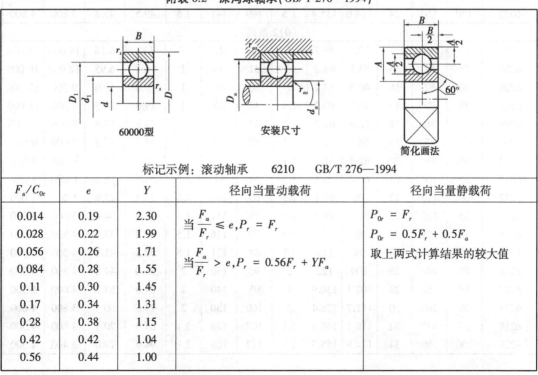

60000型　　　　安装尺寸　　　　简化画法

标记示例：滚动轴承　　6210　　GB/T 276—1994

F_a/C_{0r}	e	Y	径向当量动载荷	径向当量静载荷
0.014	0.19	2.30	当 $\dfrac{F_a}{F_r}\leqslant e,P_r=F_r$	$P_{0r}=F_r$
0.028	0.22	1.99		$P_{0r}=0.5F_r+0.5F_a$
0.056	0.26	1.71	当 $\dfrac{F_a}{F_r}>e,P_r=0.56F_r+YF_a$	取上两式计算结果的较大值
0.084	0.28	1.55		
0.11	0.30	1.45		
0.17	0.34	1.31		
0.28	0.38	1.15		
0.42	0.42	1.04		
0.56	0.44	1.00		

续表

轴承代号	基本尺寸/mm			其他尺寸/mm			安装尺寸/mm			基本额定负荷		极限转速/(r·min⁻¹)	
	d	D	B	$d_1 \approx$	$D_1 \approx$	r_s (min)	d_a (min)	D_a (max)	r_{as} (max)	C_r/kN	C_{0r}/kN	min	max
(1)0 系列													
6004	20	42	12	26.9	35.1	0.6	25	37	0.6	7.22	4.45	15 000	19 000
6005	25	47	12	31.8	40.2	0.6	30	42	0.6	7.75	4.95	13 000	17 000
6006	30	55	13	38.4	47.7	1	36	49	1.1	10.2	6.88	10 000	14 000
6007	35	62	14	43.4	53.7	1	41	56	1.1	12.5	8.60	9 000	12 000
6008	40	68	15	48.4	59.2	1	46	62	1.1	13.2	9.42	8 500	11 000
6009	45	75	16	54.2	65.9	1	51	69	1.1	16.2	11.8	8 000	10 000
6010	50	80	16	59.1	70.9	1	56	74	1.1	16.8	12.8	7 000	9 000
6011	55	90	18	66.4	79	1.1	62	83	1.1	23.2	17.8	6 300	8 000
6012	60	95	18	71.9	85.7	1.1	67	88	1.1	24.5	19.2	6 000	7 500
6013	65	100	18	75.3	89.1	1.1	72	93	1.1	24.8	19.8	5 600	7 000
6014	70	110	20	82	98	1.1	77	103	1.1	29.8	24.2	5 300	6 700
6015	75	115	20	88.6	104	1.1	82	108	1.1	30.8	26.0	5 000	6 300
6016	80	125	22	95.9	112.8	1.1	87	118	1.1	36.5	31.2	4 800	6 000
6017	85	130	22	100.1	117.6	1.1	92	123	1.1	39.0	33.5	4 500	5 600
6018	90	140	24	107.2	126.8	1.5	99	131	1.5	44.5	39.0	4 300	5 300
6019	95	145	24	110.2	129.8	1.5	104	136	1.5	44.5	39.0	4 000	5 000
6020	100	150	24	114.6	135.4	1.5	109	141	1.5	49.5	43.8	3 800	4 800
(0)2 系列													
6204	20	47	14	29.3	39.7	1	26	41	1	9.88	6.16	14 000	18 000
6205	25	52	15	33.8	44.2	1	31	46	1	10.8	6.95	12 000	16 000
6206	30	62	16	40.8	52.2	1	36	56	1	15.0	10.0	9 500	13 000
6207	35	72	17	46.8	60.2	1.1	42	65	1	19.8	13.5	8 500	11 000
6208	40	80	18	52.8	67.2	1.1	47	73	1	22.8	15.8	8 000	10 000
6209	45	85	19	58.8	73.2	1.1	52	78	1	24.5	17.5	7 000	9 000
6210	50	90	20	62.4	77.6	1.1	57	83	1	27	19.8	6 700	8 500
6211	55	100	21	68.2	86.1	1.5	64	91	1.5	33.5	25.0	6 000	7 500
6212	60	110	22	76	94.1	1.5	69	101	1.5	36.8	27.8	5 600	7 000
6213	65	120	23	82.5	102.5	1.5	74	111	1.5	44.0	34.0	5 000	6 300
6214	70	125	24	89	109	1.5	79	116	1.5	46.8	37.5	4 800	6 000
6215	75	130	25	94	115	1.5	84	121	1.5	50.8	41.2	4 500	5 600
6216	80	140	26	100	122	2	90	130	2	55.0	44.8	4 300	5 300
6217	85	150	28	107.1	130.9	2	95	140	2	64.0	53.2	4 000	5 000
6218	90	160	30	111.7	138.4	2	100	150	2	73.8	60.5	3 800	4 800
6219	95	170	32	118.1	146.9	2.1	107	158	2.1	84.8	70.5	3 600	4 500
6220	100	180	34	124.8	155.3	2.1	112	168	2.1	94.0	79.0	3 400	4 300

轴承代号	基本尺寸/mm			其他尺寸/mm			安装尺寸/mm			基本额定负荷		极限转速/(r·min⁻¹)	
	d	D	B	$d_1\approx$	$D_1\approx$	r_s(min)	d_a(min)	D_a(max)	r_{as}(max)	C_r/kN	C_{0r}/kN	min	max
(0)3系列													
6304	20	52	15	29.8	42.2	1.1	27	45	1	12.2	7.78	13 000	17 000
6305	25	62	17	36	51	1.1	32	55	1	17.2	11.2	10 000	14 000
6306	30	72	19	44.8	59.2	1.1	37	65	1	20.8	14.2	9 000	12 000
6307	35	80	21	50.4	66.6	1.5	44	71	1.5	25.8	17.8	8 000	10 000
6308	40	90	23	56.5	74.6	1.5	48	81	1.5	31.2	22.2	7 000	9 000
6309	45	100	25	63	84	1.5	54	91	1.5	40.8	29.8	6 300	8 000
6310	50	110	27	69.1	91.9	2	60	100	2	47.5	35.6	6 000	7 500
6311	55	120	29	76.1	100.9	2	65	110	2	55.2	41.8	5 800	6 700
6312	60	130	31	81.7	108.4	2.1	72	118	2.1	62.8	48.5	5 600	6 300
6313	65	140	33	88.7	116.9	2.1	77	128	2.1	72.2	56.4	4 500	5 600
6314	70	150	35	94.8	125.3	2.1	82	138	2.1	80.2	63.2	4 300	5 300
6315	75	160	37	101.3	133.7	2.1	87	148	2.1	87.2	71.5	4 000	5 000
6316	80	170	39	107.9	142.2	2.1	92	158	2.1	94.5	80.0	3 800	4 800
6317	85	180	41	114.4	150.6	3	99	166	2.5	102	89.2	3 600	4 500
6318	90	190	43	120.8	159.2	3	104	176	2.5	112	100	3 400	4 300
6319	95	200	45	127.1	167.9	3	109	186	2.5	122	112	3 200	4 000
6320	100	215	47	135.6	179.4	3	114	201	2.5	132	132	2 800	3 600

附表 6.3 角接触球轴承(GB/T 292—2007)

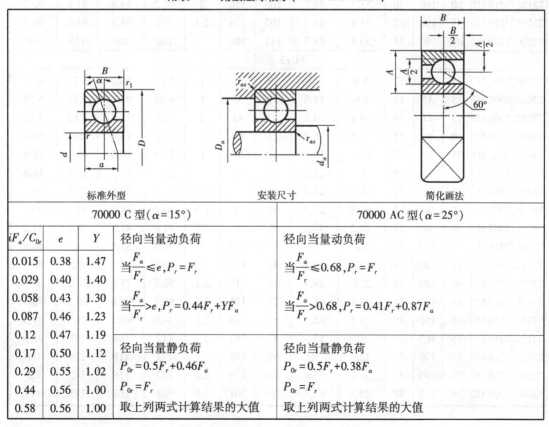

标准外型	安装尺寸	简化画法

70000 C 型($\alpha=15°$)				70000 AC 型($\alpha=25°$)
iF_a/C_{0r}	e	Y	径向当量动负荷	径向当量动负荷
0.015	0.38	1.47	当$\dfrac{F_a}{F_r}\le e, P_r=F_r$	当$\dfrac{F_a}{F_r}\le 0.68, P_r=F_r$
0.029	0.40	1.40		
0.058	0.43	1.30	当$\dfrac{F_a}{F_r}> e, P_r=0.44F_r+YF_a$	当$\dfrac{F_a}{F_r}>0.68, P_r=0.41F_r+0.87F_a$
0.087	0.46	1.23		
0.12	0.47	1.19		
0.17	0.50	1.12	径向当量静负荷	径向当量静负荷
0.29	0.55	1.02	$P_{0r}=0.5F_r+0.46F_a$	$P_{0r}=0.5F_r+0.38F_a$
0.44	0.56	1.00	$P_{0r}=F_r$	$P_{0r}=F_r$
0.58	0.56	1.00	取上列两式计算结果的大值	取上列两式计算结果的大值

续表

轴承代号		基本尺寸/mm					安装尺寸/mm			基本额定动负荷 C_r/kN		基本额定静负荷 C_{0r}/kN	
		d	D	B	a		d_a (min)	D_a (max)	r_{as} (max)	70000C	70000AC	70000C	70000AC
					70000C	70000AC							
(0)2 系列													
7204C	7204AC	20	47	14	11.5	14.9	26	41	1	11.2	10.8	7.46	7.00
7205C	7205AC	25	52	15	12.7	16.4	31	46	1	12.8	12.2	8.95	8.38
7206C	7206AC	30	62	16	14.2	18.7	36	56	1	17.8	16.8	12.8	12.2
7207C	7207AC	35	72	17	15.7	21	42	65	1	23.5	22.5	17.5	16.5
7208C	7208AC	40	80	18	17	23	47	73	1	26.8	25.8	20.5	19.1
7209C	7209AC	45	85	19	18.2	24.7	52	78	1	29.8	28.2	23.8	22.5
7210C	7210AC	50	90	20	19.4	26.3	57	83	1	32.8	31.5	26.8	25.2
7211C	7211AC	55	100	21	20.9	28.6	64	91	1.5	40.8	38.8	33.8	31.8
7212C	7212AC	60	110	22	22.4	30.8	69	101	1.5	44.8	42.8	37.8	35.5
7213C	7213AC	65	120	23	24.2	33.5	74.4	111	1.5	53.8	51.2	46.0	43.2
7214C	7214AC	70	125	24	25.3	35.1	79	116	1.5	56.0	53.0	49.2	46.2
7215C	7215AC	75	130	25	26.4	36.6	84	121	1.5	60.8	57.8	54.2	50.8
7216C	7216AC	80	140	26	27.7	38.9	90	130	2	68.8	65.5	63.2	59.2
7217C	7217AC	85	150	28	29.9	41.6	95	140	2	76.8	72.5	69.8	65.5
7218C	7218AC	90	160	30	31.7	44.2	100	150	2	94.2	89.8	87.8	82.2
7219C	7219AC	95	170	32	33.8	46.9	107	158	2.1	102	98.8	95.5	89.5
7220C	7220AC	100	180	34	35.8	49.7	112	168	2.1	140	108	115	100
(0)3 系列													
7301C	7301AC	12	37	12	8.6	12	18	31	1	8.10	8.08	5.22	4.88
7302C	7302AC	15	42	13	9.6	13.5	21	36	1	9.38	9.08	5.95	5.58
7303C	7303AC	17	47	14	10.4	14.8	23	41	1	12.8	11.5	8.62	7.08
7304C	7304AC	20	52	15	11.3	16.3	27	45	1	14.2	13.8	9.68	9.10
7305C	7305AC	25	62	17	13.1	19.1	32	55	1	21.5	20.8	15.8	14.8
7306C	7306AC	30	72	19	15	22.2	37	65	1	26.2	25.2	19.8	18.5
7307C	7307AC	35	80	21	16.6	24.5	44	71	1.5	34.2	32.8	26.8	24.8
7308C	7308AC	40	90	23	18.5	27.5	49	81	1.5	40.2	38.5	32.3	30.5
7309C	7309AC	45	100	25	20.2	30.2	54	91	1.5	49.2	47.5	39.8	37.2
7310C	7310AC	50	110	27	22	33	60	100	2	53.5	55.5	47.2	44.5
7311C	7311AC	55	120	29	23.8	35.8	65	110	2	70.5	67.2	60.5	56.8
7312C	7312AC	60	130	31	25.6	38.9	72	118	2.1	80.5	77.8	70.2	65.8
7313C	7313AC	65	140	33	27.4	41.5	77	128	2.1	91.5	89.8	80.5	75.5
7314C	7314AC	70	150	35	29.2	44.3	82	138	2.1	102	98.5	91.5	86.0
7315C	7315AC	75	160	37	31	47.2	87	148	2.1	112	108	105	97.0
7316C	7316AC	80	170	39	32.8	50	92	158	2.1	122	118	118	108
7318C	7318AC	90	190	43	36.4	55.6	104	176	2.5	142	135	142	135
7320C	7320AC	100	215	47	40.2	61.9	114	201	2.5	162	165	175	178

轴承代号	基本尺寸/mm					安装尺寸/mm			基本额定动负荷 C_r/kN		基本额定静负荷 C_{0r}/kN	
	d	D	B	a		d_a (min)	D_a (max)	r_{as} (max)	70000C	70000AC	70000C	70000AC
				70000C	70000AC							
(0)4 系列												
7406AC	30	90	23		26.1	39	81	1		42.5		32.2
7407AC	35	100	25		29	44	91	1.5		53.8		42.5
7408AC	40	110	27		34.6	50	100	2		62.0		49.5
7409AC	45	120	29		38.7	55	110	2		66.7		52.8
7410AC	50	130	31		37.4	62	118	2.1		76.5		56.5
7412AC	60	150	35		43.1	72	138	2.1		102		90.8
7414AC	70	180	42		51.5	84	166	2.5		125		125
7416AC	80	200	48		58.1	94	186	2.5		152		162
7418AC	90	215	54		64.8	108	197	3		178		205

附表 6.4　圆柱滚子轴承 (GB/T 283—2007)

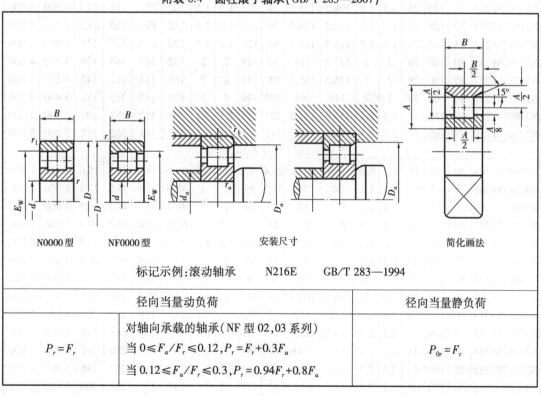

N0000 型　　　　NF0000 型　　　　　　安装尺寸　　　　　　　简化画法

标记示例:滚动轴承　　　N216E　　　GB/T 283—1994

径向当量动负荷		径向当量静负荷
$P_r = F_r$	对轴向承载的轴承(NF 型 02,03 系列) 当 $0 \leqslant F_a/F_r \leqslant 0.12, P_r = F_r + 0.3F_a$ 当 $0.12 \leqslant F_a/F_r \leqslant 0.3, P_r = 0.94F_r + 0.8F_a$	$P_{0r} = F_r$

续表

轴承代号		基本尺寸/mm							安装尺寸/mm				基本额定动载荷 (C_r/kN)		基本额定静载荷 (C_{0r}/kN)		极限转速 (r/min)	
		d	D	B	r_s	r_{1s}	E_W		d_a	D_a	r_{as}	r_{bs}	N 型	NF 型	N 型	NF 型	脂润滑	油润滑
					min		N 型	NF 型	min		max							
(0)2 尺寸系列																		
N204E	NF204	20	47	14	1	0.6	41.5	40	25	42	1	0.6	25.8	12.5	24.0	11.0	12 000	16 000
N205E	NF205	25	52	15	1	0.6	46.5	45	30	47	1	0.6	27.5	14.2	26.8	12.8	10 000	14 000
N206E	NF206	30	62	16	1	0.6	55.5	53.5	36	56	1	0.6	36.0	19.5	35.5	18.2	8 500	11 000
N207E	NF207	35	72	17	1.1	0.6	64	61.5	42	64	1	0.6	46.5	28.5	48.0	28.0	7 500	9 500
N208E	NF208	40	80	18	1.1	1.1	71.5	70	47	72	1	1	51.5	37.5	53.0	38.2	7 000	9 000
N209E	NF209	45	85	19	1.1	1.1	76.5	75	52	77	1	1	58.5	39.8	63.8	41.0	6 300	8 000
N210E	NF210	50	90	20	1.1	1.1	81.5	80.4	57	83	1	1	61.2	43.2	69.2	48.5	6 000	7 500
N211E	NF211	55	100	21	1.5	1.1	90	88.5	64	91	1.5	1	80.2	52.8	95.5	60.2	5 300	6 700
N212E	NF212	60	110	22	1.5	1.5	100	97	69	100	1.5	1.5	89.8	62.8	102	73.5	5 000	6 300
N213E	NF213	65	120	23	1.5	1.5	108.5	105.5	74	108	1.5	1.5	102	73.2	118	87.5	4 500	5 600
N214E	NF214	70	125	24	1.5	1.5	113.5	110.5	79	114	1.5	1.5	112	73.2	135	87.5	4 300	5 300
N215E	NF215	75	130	25	1.5	1.5	118.5	118.3	84	120	1.5	1.5	125	89.0	155	110	4 000	5 000
N216E	NF216	80	140	26	2	2	127.3	125	90	128	2	2	132	102	165	125	3 800	4 800
N217E	NF217	85	150	28	2	2	136.5	135.5	95	137	2	2	158	115	192	145	3 600	4 500
N218E	NF218	90	160	30	2	2	145	143	100	146	2	2	172	142	215	178	3 400	4 300
N219E	NF219	95	170	32	2.1	2.1	154.5	151.5	107	155	2.1	2.1	208	152	262	190	3 200	4 000
N220E	NF220	100	180	34	2.1	2.1	163	160	112	164	2.1	2.1	235	168	302	212	3 000	3 800
(0)3 尺寸系列																		
N304E	NF304	20	52	14	1.1	0.6	45.5	44.5	26.4	47	1	0.6	29.0	18.0	25.5	15.0	11 000	1 500
N305E	NF305	25	62	17	1.1	1.1	54	53	31.5	55	1	1	38.5	25.5	35.8	22.5	9 000	1 200
N306E	NF306	30	72	19	1.1	1.1	62.5	62	37	64	1	1	49.2	33.4	48.2	31.5	8 000	1 000
N307E	NF307	35	80	21	1.5	1.5	70.2	68.2	44	71	1.5	1	62.0	41.0	63.2	39.2	7 000	9 000
N308E	NF308	40	90	23	1.5	1.5	80	77.5	49	80	1.5	1.5	76.89	48.8	77.8	47.5	6 300	8 000
N309E	NF309	45	100	25	1.5	1.5	88.5	86.5	54	89	1	1	93.0	66.8	98.0	66.8	5 600	7 000
N310E	NF310	50	110	27	2	2	97	95	60	98	2	2	105	76.0	112	79.5	5 300	6 700
N311E	NF311	55	120	29	2	2	106.5	104.5	65	107	2	2	128	97.8	138	105	4 800	6 000
N312E	NF312	60	130	31	2.1	2.1	115	113	72	116	2.1	2.1	142	118	155	128	4 500	5 600
N313E	NF313	65	140	33	2.1	2.1	124.5	121.5	77	125	2.1	2.1	170	125	188	135	4 000	5 000
N314E	NF314	70	150	35	2.1	2.1	133	130	82	134	2.1	2.1	195	145	220	162	3 800	4 800
N315E	NF315	75	160	37	2.1	2.1	143	139.5	87	143	2.1	2.1	228	165	260	188	3 600	4 500
N316E	NF316	80	170	39	2.1	2.1	151	147	92	151	2.1	2.1	245	175	282	200	3 400	4 300
N317E	NF317	85	180	41	3	3	160	156	99	160	2.5	2.5	280	212	332	242	3 200	4 000
N318E	NF318	90	190	43	3	3	169.5	165	104	169	2.5	2.5	298	228	348	265	3 000	3 800
N319E	NF319	95	200	45	3	3	177.5	173.5	109	178	2.5	2.5	315	245	380	288	2 800	3 600
N320E	NF320	100	215	47	3	3	191.5	185.5	114	190	2.5	2.5	365	282	425	340	2 600	3 600

续表

轴承代号	基本尺寸/mm							安装尺寸/mm				基本额定动载荷（C_r/kN）		基本额定静载荷（C_{0r}/kN）		极限转速（r/min）	
	d	D	B	r_s	r_{1s}	E_W		d_a	D_a	r_{as}	r_{bs}	N 型	NF 型	N 型	NF 型	脂润滑	油润滑
				min		N 型	NF 型	min		max							
(0)4 尺寸系列																	
N406	30	90	23	1.5	1.5	73		39	—	1.5	1.5	57.2		53.0		7 000	9 000
N407	35	100	25	1.5	1.5	83		44	—	1.5	1.5	70.8		68.2		6 000	7 500
N408	40	110	27	2	2	92		50	—	2	2	90.5		89.8		5 600	7 000
N409	45	120	29	2	2	100.5		55	—	2	2	102		100		5 000	6 300
N410	50	130	31	2.1	2.1	110.8		62	—	2.1	2.1	120		120		4 800	6 000
N411	55	140	33	2.1	2.1	117.2		67	—	2.1	2.1	128		132		4 300	5 300
N412	60	150	35	2.1	2.1	127		72	—	2.1	2.1	155		162		4 000	5 000
N413	65	160	37	2.1	2.1	135.3		77	—	2.1	2.1	170		178		3 800	4 800
N414	70	180	42	3	3	152		84	—	2.5	2.5	215		232		3 400	4 300
N415	75	190	45	3	3	160.5		89	—	2.5	2.5	250		272		3 200	4 000
N416	80	200	48	3	3	170		94	—	2.5	2.5	285		315		3 000	3 800
N417	85	210	52	4	4	179.5		103	—	3	3	312		345		2 800	3 600
N418	90	225	54	4	4	191.5		108	—	3	3	352		392		2 400	3 200
N419	95	240	55	4	4	201.5		113	—	3	3	378		428		2 200	3 000
N420	100	250	58	4	4	211		118	—	3	3	418		480		2 000	2 800
22 尺寸系列																	
N2204E	20	47	18	1	0.6	41.5		25	42	1	0.6	30.8		30.0		12 000	16 000
N2205E	25	52	18	1	0.6	46.5		30	47	1	0.6	32.8		33.8		11 000	14 000
N2206E	30	62	20	1	0.6	55.5		36	56	1	0.6	45.5		48.0		8 500	11 000
N2207E	35	72	23	1.1	0.6	64		42	64	1	0.6	57.5		63.0		7 500	9 500
N2208E	40	80	23	1.1	1.1	71.5		47	72	1	1	67.5		75.2		7 000	9 000
N2209E	45	85	23	1.1	1.1	76.5		52	77	1	1	71.0		82.0		6 300	8 000
N2210E	50	90	23	1.1	1.1	81.5		57	83	1	1	74.2		88.8		6 000	7 500
N2211E	55	100	25	1.5	1.1	90		64	91	1.5	1	94.8		118		5 300	6 700
N2212E	60	110	28	1.5	1.5	100		69	100	1.5	1.5	122		152		5 000	6 300
N2213E	65	120	31	1.5	1.5	108.5		74	108	1.5	1.5	142		180		4 500	5 600
N2214E	70	125	31	1.5	1.5	113.5		79	114	1.5	1.5	148		192		4 300	5 300
N2215E	75	130	31	1.5	1.5	118.5		84	120	1.5	1.5	155		205		4 000	5 000
N2216E	80	140	33	2	2	127.3		90	128	2	2	178		242		3 800	4 800
N2217E	85	150	36	2	2	136.5		95	137	2	2	205		272		3 600	4 500
N2218E	90	160	40	2	2	145		100	146	2	2	230		312		3 400	4 300
N2219E	95	170	43	2.1	2.1	154.5		107	155	2.1	2.1	275		368		3 200	4 000
N2220E	100	180	46	2.1	2.1	163		112	164	2.1	2.1	318		440		3 000	3 800

注：1.表中 C_r 值适用于轴承为真空脱气轴承钢材料,如为普通炉钢,C_r 值降低,如为真空重熔或电渣重熔轴承钢,C_r 值提高。

2.$r_{s\,min}$,$r_{1s\,min}$ 分别为 r,r_1 的单向最小倒角尺寸;$r_{a\,smin}$,$r_{b\,min}$ 分别为 r_a,r_b 的单向倒角尺寸。

3.后缀带 E 为加强型圆柱滚子轴承,应优先选用。

附表6.5　向必轴承的轴的配合、轴公差代号(GB/T 275—1993)

运转状态		载荷状态	深沟球轴承 角接触球轴承	圆柱滚子轴承 圆锥滚子轴承	调心滚子 轴承	公差带
说明	举例		轴承公称内径 d/mm			
内圈相对载荷方向旋转或摆动	传送带、机床（主轴）、泵、通风机	轻 $P_r \leqslant 0.07 C_r$	$\leqslant 18$ $>18 \sim 100$ $>100 \sim 200$	— $\leqslant 40$ $>40 \sim 140$	— $\leqslant 40$ $>40 \sim 140$	h5 j6[①] k6
	变速箱、一般通用机械、内燃机、木工机械	正常 $P_r = (0.07 \sim 0.15) C_r$	$\leqslant 18$ $>18 \sim 100$ $>100 \sim 140$ $>140 \sim 200$	— $\leqslant 40$ $>40 \sim 100$ $>100 \sim 140$	— $\leqslant 40$ $>40 \sim 100$ $>100 \sim 140$	j5, js5 k5[①] m5 m6
	破碎机、铁路车辆、轧机	重 $P_r > 0.15 C_r$		$>50 \sim 140$ $>140 \sim 200$	$>50 \sim 100$ $>100 \sim 140$	n6 p6
内圈相对于载荷方向静止	静止轴上的各种轮子	所有载荷	所有尺寸			f6, g6[②]
	张紧滑轮、绳索轮					h6, j6
仅受轴向载荷			所有尺寸			j6, js6

注：①凡对精度有较高要求的场合，应用 j5、k5…代替 j6、k6…

②单列圆锥滚子轴承、角接触球轴承配合对游隙影响不大，可用 k6、m6 代替 k5、m5。

附表6.6　安装向心轴承的外壳孔公差带代号(GB/T 275—1993)

运转状态		载荷状态	其他状况	公差带	
说明	举例			球轴承	滚子轴承
外圈相对于载荷方向静止	一般机械、电动机、铁路机车车辆轴箱	轻、正常、重	轴向易移动,可采用剖分式外壳	H7[①], G7[②]	
		冲击	轴向能移动,可采用整体或剖分式外壳	J7, Js7	
外圈相对于载荷方向摆动	曲轴主轴承、泵、电动机	轻、正常		J7, Js7	
		正常、重		K7	
		冲击		M7	
外圈相对于载荷方向旋转	张紧滑轮、轴毂轴承	轻	轴向不移动,可采用整体式外壳	J7	K7
		正常、重		K7, M7	M7, N7
		冲击		—	N7, P7

注：①并列公差带随尺寸的增大从左至右选择,对旋转精度有较高要求时,可相应提高一个公差等级。

②不适用于剖分式外壳。

附表 6.7　轴和外壳孔的形位公差

基本尺寸 /mm		圆柱度				端面圆跳动			
		轴颈		外壳孔		轴肩		外壳孔肩	
		轴承公差等级							
		/P0	/P6	/P0	/P6	/P0	/P6	/P0	/P6
大于	至	公差值/μm							
18	30	4	2.5	6	4	10	6	15	10
30	50	4	2.5	7	4	12	8	20	12
50	80	5	3	8	5	15	10	25	15
80	120	6	4	10	6	15	10	25	15
120	180	8	5	12	8	20	12	30	20
180	250	10	7	14	10	20	12	30	20

附表 6.8　配合表面的表面粗糙度

配合表面	轴承公差等级	配合表面的尺寸公差等级	轴承内径或外径/mm	
			至 80	大于 80~500
			表面粗糙度参数 R_a/μm	按 GB/T 1031—1983
轴颈	/P0	IT6	1	1.6
	/P6	IT5	0.63	1
外壳孔	/P0	IT7	0.6	2.5
	/P6	IT6	1	1.6
轴和外壳孔肩端面	/P0		2	2.5
	/P6		1.25	2

注:轴承装在紧定套或退卸套上时,轴颈表面粗糙度 R_a 不大于 2.5 μm。

附表 7   润滑和密封

附表 7.1   常用润滑油的主要性质和用途

名　称	代号	运动黏度/(mm² · s⁻¹)		闪点(开口)/℃	倾点/℃	主要用途
		40 ℃	50 ℃	（不低于）	（不高于）	
全损耗系统用油（GB/T 443—1989）	L-AN5	4.14~5.06	(3.27~3.91)	80	-5	对润滑油无特殊要求的锭子、轴承、齿轮和其他低负荷机械,不适用于循环系统
	L-AN10	9.00~11.00	6.53~7.83	130		
	L-AN22	19.8~24.2	13.6~16.3	150		
	L-AN32	28.8~35.2	19.0~22.6	150		
	L-AN46	41.4~50.6	26.1~31.3	160		
	L-AN68	61.2~74.8	37.1~44.4	180		
	L-AN100	90.0~110	52.4~56.0			
中负荷工业齿轮油(GB/T 5903—1986)	68	61.2~74.8	37.1~44.4	180	-8	有冲击的低负荷及中负荷齿轮,齿面应力为500~1 000 MPa,如化工、冶金、矿山等机械的齿轮
	100	90~110	52.4~63.0	200		
	150	135~165	75.9~91.2			
	220	198~242	108~129			
	320	288~352	151~182	220		
	460	414~506	210~252			
	680	612~748	300~360			
L-GKE/P 蜗轮蜗杆油 (SH0094—91)	220	198~242	108~129	200	-12	用于蜗轮蜗杆传动的润滑
	320	288~352	151~182			
	460	414~506	210~252	220		
	680	612~748	300~360			
	1 000	900~1 100	425~509			

附表 7.2　常用润滑脂的主要性能和用途

名　称	牌号	滴点/℃(不低于)	工作锥入度 (25 ℃150 kg)1/10 mm	应　用
钠基润滑脂 (GB/T 492— 1989)	ZN-2 ZN-3	160 160	265~295 220~250	工作温度在−10~110 ℃的一般中负荷机械设备轴承的润滑,不耐水(或潮湿)
钙基润滑脂 (GB/T 0368— 1992)	1 2	120 135	250~290 200~240	在 80~100 ℃、有水分或较潮湿环境中工作的机械润滑,多用于铁路机车、列车、小电动机、发电机滚动轴承(温度较高者)的润滑,能耐潮湿
石墨钙基润滑脂 (SH 0369—92)		80	—	人字齿轮,起重机、挖掘机的底盘齿轮,矿山机械,绞车钢丝绳等高负荷、高压力、低速度的粗糙机械润滑及一般开式齿轮润滑,能耐潮湿
通用锂基润滑脂 (GB/T 7324 —1987)	1 2 3	170 175 180	310~340 265~295 220~250	适用于−20~120 ℃温度范围内各种机械的滚动轴承、滑动轴承及其他摩擦部位的润滑
二硫化钼锂基脂	ZL-1E ZL-2E ZL-3E ZL-4E ZL-5E	175	310~340 265~295 220~250 175~205 130~160	具有良好的极压性能。用于高负荷和高温下操作的冶金、矿山、化工机械设备的润滑,使用温度不高于 145 ℃的同类型产品有二硫化钼合成锂基脂
7407 号齿轮 润滑脂 (SY 4036—84)		160	75~90	适用于各种低速、中、重载荷齿轮、链和连轴器等部位的润滑,使用温度不高于 120 ℃,可承受的冲击载荷不大于 25 000 MPa

附表 7.3　杆式油标

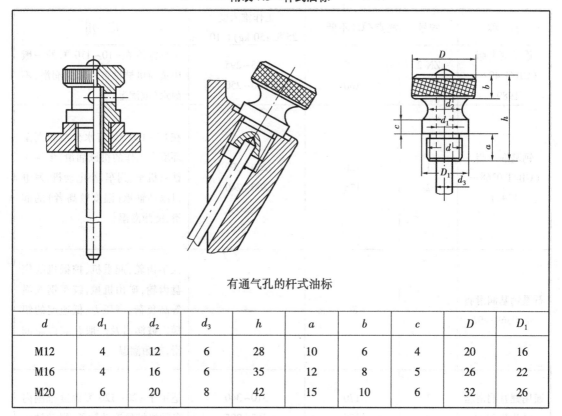

有通气孔的杆式油标

d	d_1	d_2	d_3	h	a	b	c	D	D_1
M12	4	12	6	28	10	6	4	20	16
M16	4	16	6	35	12	8	5	26	22
M20	6	20	8	42	15	10	6	32	26

附表 7.4　管状油标

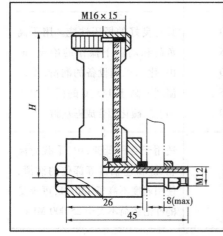

H	O 型橡胶密封圈 (GB/T 3452.1)	六角螺母 (按 GB/T 6172)	弹性垫圈 (按 GB/T 816)
80,100,125,160,200	11.8×2.65	M12	12

标记示例:

H＝200,A 型管状油标的标记:油标 A200　GB 1162—1989

注:B 型管状油标尺寸见 GB 1162—1989

附表 7.5　外六角螺塞(JB/ZB 4450—86)、纸封油圈(ZB 71—62)、皮封油圈(ZB 70—62) /mm

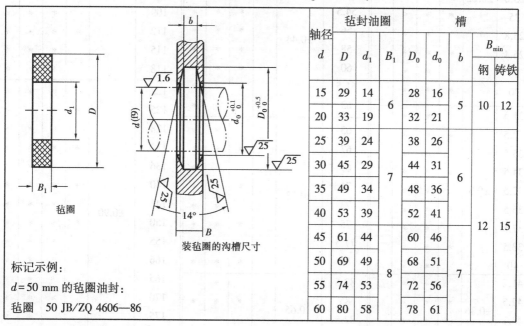

d	d_1	D	e	S	L	h	b	b_1	R	C	D_0	H 纸圈	H 皮圈
M10×1	8.8	18	12.7	11	20	10				0.7	18		
M12×1.25	10.2	22	15	13	24			2	0.5		22		
M14×1.5	11.8	23	20.8	18	25	12	3			1.0		2	2
M18×1.5	15.8	28	24.2		27		3				25		
M20×1.5	17.8	30	24.2	21		15	3				30		
M22×1.5	19.8	32	27.7	24	30			1			32		
M24×2	21	34	31.2	27	32	16	4		1.5		35		
M27×2	24	38	34.6	30	35	17	4				40	3	2.5
M30×2	27	42	39.3	34	38	18					45		

外六角螺塞 $\sqrt{25}$

油圈

标记示例:

螺塞 M20×1.5 JB/ZQ 4450—86

油圈 30×20　ZB 71—62 ($D_0 = 30$, $d = 20$ 的纸封油圈)

油圈 30×20　ZB 70—62 ($D_0 = 30$, $d = 20$ 的皮封油圈)

材料:纸封油圈:石棉橡胶纸;皮封油圈:工业皮革;螺塞:Q235

附表 7.6　毡圈油封及槽(JB/ZQ 4606—86)

轴径 d	毡封油圈 D	毡封油圈 d_1	毡封油圈 B_1	槽 D_0	槽 d_0	槽 b	B_{min} 钢	B_{min} 铸铁
15	29	14	6	28	16	5	10	12
20	33	19	6	32	21	5	10	12
25	39	24	7	38	26	6	12	15
30	45	29	7	44	31	6	12	15
35	49	34	7	48	36	6	12	15
40	53	39	7	52	41	6	12	15
45	61	44	7	60	46	6	12	15
50	69	49	8	68	51	7	12	15
55	74	53	8	72	56	7	12	15
60	80	58	8	78	61	7	12	15

毡圈

装毡圈的沟槽尺寸

标记示例:

$d = 50$ mm 的毡圈油封:

毡圈　50 JB/ZQ 4606—86

注:本标准适用于线速度 $v < 5$ m/s。

附表 7.7　通用 O 型橡胶密封圈(GB/T 3452.1—2005)

标记示例:40×3.55G　GB/T 3452.1—1992

内径 d_1 = 40 mm,截面直径 d_2 = 3.55 mm 通用 O 形圈

沟槽尺寸(GB/T 3452.1—1988)

d_2	$b^{+0.250}$	$h^{+0.100}$	d_3 偏差值	r_1	r_2
1.8	2.4	1.38	$0\\ -0.04$	0.2~0.4	0.1~0.3
2.65	3.6	2.07	$0\\ -0.05$	0.4~0.8	
3.55	4.80	2.74	$0\\ -0.06$		
5.3	7.1	4.19	$0\\ -0.07$	0.8~1.2	
7.0	9.5	5.67	$0\\ -0.09$		

内径 d_1	极限偏差	1.80 ±0.08	2.65 ±0.09	3.55 ±0.1	5.3 ±0.13
18		*	*	*	
19		*	*	*	
20		*	*	*	
21.2		*	*	*	
22.4		*	*	*	
23.6	±0.22	*	*	*	
25		*	*	*	
25.8		*	*	*	
26.4		*	*	*	
28		*	*	*	
30		*	*	*	
31.5			*	*	
32.5		*	*	*	
33.5			*	*	
34.5		*	*	*	
35.5	±0.3		*	*	
36.5		*	*	*	
37.5			*	*	
38.5		*	*	*	
40			*	*	
41.2			*	*	
42.5	±0.36	*	*	*	
43.7			*	*	
45			*	*	*

内径 d_1	极限偏差	1.80 ±0.08	2.65 ±0.09	3.55 ±0.1	5.3 ±0.13
46.2		*	*	*	*
47.5	±0.36		*	*	*
48.7			*	*	*
50			*	*	*
51.5		*	*	*	*
53			*	*	*
54.5			*	*	*
56	±0.44		*	*	*
58			*	*	*
60			*	*	*
61.5			*	*	*
63			*	*	*
65				*	*
67				*	*
69				*	*
71	±0.53		*	*	*
73				*	*
75			*	*	*
77.5				*	*
80			*	*	*
82.5				*	*
85	±0.65			*	*
87.5				*	*
90			*	8	*

内径 d_1	极限偏差	1.80 ±0.08	2.65 ±0.09	3.55 ±0.1	5.3 ±0.13
92.5				*	*
95			*	*	*
97.5				*	*
100			*	*	*
103				*	*
106	±0.65	*	*	*	*
109			*	*	*
112		*	*	*	*
115			*	*	*
118			*	*	*
122			*	*	*
125			*	*	*
128			*	*	*
132		*	*	*	*
136			*	*	*
140		*	*	*	*
145	±0.90		*	*	*
150		*	*	*	*
155			*	*	*
166			*	*	*
165			*	*	
170			*	*	
175				*	*
180				*	*

注:" * "指 GB/T 3452.1—1992 规定的规格。

附表 7.8 内包骨架旋转轴唇形密封圈(GB/T 13871—2007)   /mm

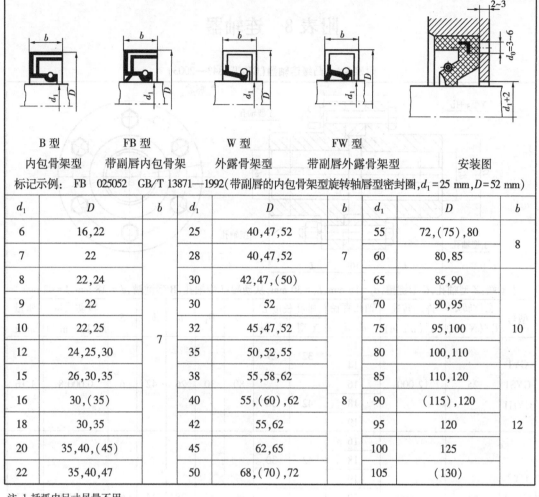

B 型　　　　　FB 型　　　　　W 型　　　　　FW 型

内包骨架型　　带副唇内包骨架　　外露骨架型　　带副唇外露骨架　　　安装图

标记示例: FB 025052 GB/T 13871—1992(带副唇的内包骨架型旋转轴唇型密封圈,$d_1=25$ mm,$D=52$ mm)

d_1	D	b	d_1	D	b	d_1	D	b
6	16,22		25	40,47,52		55	72,(75),80	8
7	22		28	40,47,52	7	60	80,85	
8	22,24		30	42,47,(50)		65	85,90	
9	22		30	52		70	90,95	
10	22,25		32	45,47,52		75	95,100	10
12	24,25,30	7	35	50,52,55		80	100,110	
15	26,30,35		38	55,58,62		85	110,120	
16	30,(35)		40	55,(60),62	8	90	(115),120	
18	30,35		42	55,62		95	120	12
20	35,40,(45)		45	62,65		100	125	
22	35,40,47		50	68,(70),72		105	(130)	

注:1.括弧内尺寸尽量不用。

2.为便于拆卸密封圈,在壳体上应有 d_0 孔 3~4 个。

附表 7.9　油沟式密封槽(JB/ZQ 4245—86)   /mm

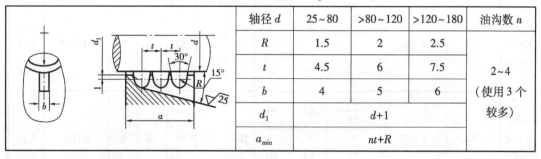

轴径 d	25~80	>80~120	>120~180	油沟数 n
R	1.5	2	2.5	
t	4.5	6	7.5	2~4
b	4	5	6	(使用3个
d_1		$d+1$		较多)
a_{min}		$nt+R$		

注:表中尺寸 R、t、b,在个别情况下可用于与表中不相对应的轴径上。

人

附表8　连轴器

附表8.1　凸缘连轴器(GB/T 5843—2003)

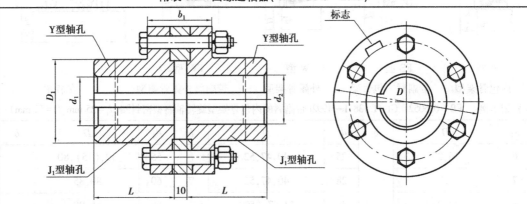

主动端:Z 型轴孔,C 型键槽,$d_z = 16$ mm,$L_1 = 30$ mm;从动端:J 型轴孔,B 型键槽,$d_1 = 18$ mm,$L = 42$ mm

型号	公称转矩 $T_n/(N \cdot m)$	许用转速 $[n]$(r/min)	轴孔直径 $d_1 \backslash d_2$	轴孔长度 L Y 型	J_1 型	D	D_1	b	b_1	S	转动惯量 $I/(kg \cdot m^{-2})$	质量 m/g
GY1 GYS1 GYH1	25	12 000	12	32	27	80	30	26	42	6	0.000 8	1.16
			14									
			16	42	30							
			18									
			19									
GY2 GYS2 GYH2	63	10 000	16	42	30	90	40	28	44	6	0.001 5	1.72
			18									
			19									
			20	52	38							
			22									
			24									
			25	62	44							
GY3 GYS3 GYH3	112	9 500	20	52	38	100	45	30	46	6	0.002 5	2.38
			22									
			24									
			25	62	44							
			28									
GY4 GYS4 GYH4	224	9 000	25	62	44	105	55	32	48	6	0.003	3.15
			28									
			30									
			32	82	60							
			35									

型号	公称转矩 $T_n/(\mathrm{N \cdot m})$	许用转速 $[n]/(\mathrm{r/min})$	轴孔直径 $d_1 \lor d_2$	轴孔长度 L		D	D_1	b	b_1	S	转动惯量 $I/(\mathrm{kg \cdot m^{-2}})$	质量 m/g
				Y 型	J_1 型							
GY5 GYS5 GYH5	63	10 000	30	82	60	120	68	36	52	8	0.007	5.43
			32									
			35									
			38									
			40	112	84							
			42									
GY6 GYS6 GYH6	112	9 500	38	82	60	140	80	40	56	8	0.015	7.59
			40	112	84							
			42									
			45									
			48									
			50									
GY7 GYS7 GYH7	1 600	6 000	48	112	84	160	100	40	56	8	0.031	13.1
			50									
			55									
			56									
			60	142	107							
			63									
GY8 GYS8 GYH8	3 150	4 800	60	142	107	200	130	50	68	10	0.103	27.5
			63									
			65									
			70									
			71									
			75									
			80	172	132							
GY9 GYS9 GYH9	6 300	3 600	75	142	107	260	160	66	84	10	0.319	47.8
			80	172	132							
			85									
			90									
			95									
			100	212	167							
GY10 GYS10 GYH10	10 000	3 200	90	172	132	300	200	72	90	10	0.720	82.0
			95									
			100	212	167							
			110									
			120									
			125									

续表

型号	公称转矩 $T_n/(N \cdot m)$	许用转速 $[n]$ (r/min)	轴孔直径 d_1、d_2	轴孔长度 L Y型	轴孔长度 L J_1型	D	D_1	b	b_1	S	转动惯量 $I/(kg \cdot m^{-2})$	质量 m/g
GY11 GYS11 GYH11	25 000	2 500	120	212	167	380	260	80	98	10	2.278	162.2
			125									
			130	252	202							
			140									
			150									
			160	302	242							
GY12 GYS12 GYH12	50 000	2 000	150	252	202	460	320	92	112	12	5.923	285.6
			160	302	242							
			170									
			180									
			190	352	282							
			200									
GY13 GYS13 GYH13	100 000	1 600	190	352	282	590	400	110	130	12	19.978	611.9
			200									
			220									
			240	410	330							
			250									

附表 8.2　TL 型弹性套柱销连轴器(GB/T 4323—2002)

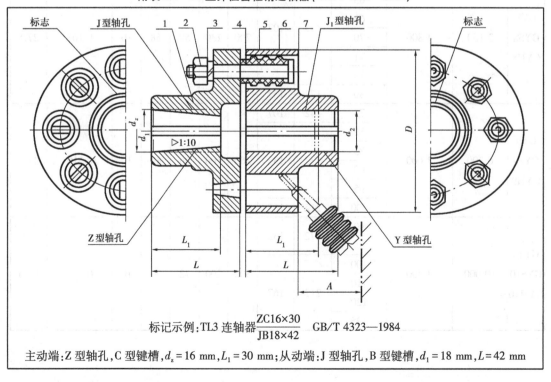

标记示例:TL3 连轴器 $\dfrac{ZC16 \times 30}{JB18 \times 42}$ GB/T 4323—1984

主动端:Z 型轴孔,C 型键槽,$d_z = 16$ mm,$L_1 = 30$ mm;从动端:J 型轴孔,B 型键槽,$d_1 = 18$ mm,$L = 42$ mm

续表

型号	公称转矩 T_n/ (N·m)	许用转速 $[n]$/ (r·min^{-1})	轴孔直径 d_1, d_2, d_z	轴孔长度 L				D/mm	A/mm	质量 m/kg	转动惯量 I/(kg·m^{-2})
				Y 型	J,J$_1$,Z 型		$L_{推荐}$				
				L	L_1	L					
TL1	6.3	8 800	9	20	14		100	25	71	0.82	0.000 5
			10、11	25	17						
			12、14	32	20				18		
TL2	16	7 600	12、14				35	80		1.20	0.000 8
			16、18、19	42	30	42					
TL3	31.5	6 300	16、18、19				38	95		2.20	0.002 3
			20、22	52	38	52			35		
TL4	63	5 700	20、22、24				40	106		2.84	0.003 7
			25、28	62	44	62					
TL5	125	4 600	25、28				50	130		6.05	0.012 0
			30、32、35	82	60	82					
TL6	250	3 800	32、35、38				55	160	45	9.57	0.028 0
			40、42								
TL7	500	3 600	40、42、45、48	112	84	112	65	190		14.01	0.055 0
TL8	710	3 000	45、48、50、55、56				70	224		23.12	0.134 0
			60、63	142	107	142			65		
TL9	1 000	2 850	50、55、56	112	84	112	80	250		30.69	0.213 0
			60、63、65、70、71	142	107	142					
TL10	2 000	2 300	63、65、70、71、75				100	315	80	61.40	0.660 0
			80、85、90、95	172	132	172					
TL11	4 000	1 800	80、85、90、95				115	400	100	120.70	2.122 0
			100、110	212	167	212					
TL12	8 000	1 450	100、110、120、125				135	475	130	210.34	5.390 0
			130	252	202	252					
TL13	16 000	1 150	120、125	212	167	212	160	600	180	418.36	17.580 0
			130、140、150	252	207	252					
			160、170	302	212	302					

注:质量、转动惯量按材料为铸钢、无孔、$L_{推荐}$计算近似值。

附表 8.3　HL 型弹性柱销连轴器(GB/T 5014—2003)

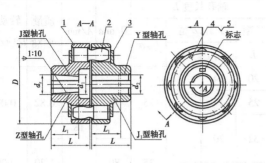

标记示例：

HL7 连轴器 $\dfrac{\text{ZC75×107}}{\text{JB70×107}}$ GB 5014—1985

主动端：Z 型轴孔，C 型键槽，
$d_z = 75$ mm, $L_1 = 107$ mm,

从动端：J 型轴孔，B 型键槽，
$d_z = 70$ mm, $L_1 = 107$ mm。

型号	公称转矩 $T_n/$ (N·m)	许用转速 $[n]$(r/min)	轴孔直径 d_1, d_2, d_z	轴孔长度 L			D	D_1	b	S	转动惯量 $I/(\text{kg·m}^{-2})$	质量 m/kg
				Y 型	J,J$_1$,Z 型							
				L	L	L_1						
LX1	250	8 500	12	32	27	—	90	40	20	2.5	0.002	2
			14									
			16	42	30	42						
			18									
			19									
			20	52	38	520						
			22									
			24									
LX2	560	6 300	20	52	38	52	120	55	28	2.5	0.009	5
			22									
			24									
			25	62	44	62						
			28									
			30	82	60	82						
			32									
			35									
LX3	1 250	4 750	30	82	60	82	16	75	36	2.5	0.026	8
			32									
			35									
			38									
			40	112	84	112						
			42									
			45									
			48									

型号	公称转矩 T_n/ (N·m)	许用转速 $[n]$(r/min)	轴孔直径 d_1,d_2,d_z	轴孔长度 L Y 型 L	J,J$_1$,Z 型 L	L_1	D	D_1	b	S	转动惯量 $I/(\mathrm{kg \cdot m^{-2}})$	质量 m/kg
LX4	2 500	3 870	40				195	100	45	3	0.109	22
			42									
			45									
			48	112	84	112						
			50									
			55									
			56									
			60	142	107	142						
			63									
LX5	3 150	3 450	50				220	120	45	3	0.191	30
			55	112	84	112						
			56									
			60									
			63	142	107	142						
			65									
			70									
			71									
			75									
LX6	6 300	2 720	60				282	140	56	4	0.543	53
			63									
			65	142	107	142						
			70									
			71									
			75									
			80	172	132	172						
			85									

续表

型号	公称转矩 $T_n/$ (N·m)	许用转速 $[n]$(r/min)	轴孔直径 d_1,d_2,d_z	轴孔长度 L			D	D_1	b	S	转动惯量 $I/$(kg·m^{-2})	质量 m/kg
				Y 型	J,J$_1$,Z 型							
				L	L	L_1						
LX7	11 200	2 360	70	142	107	142	320	170	56	4	1.314	98
			71									
			75									
			80	172	132	172						
			85									
			95									
			100	212	167	212						
			110									
LX8	16 000	2 120	80	172	132	172	360	200	56	5	2.023	119
			85									
			90									
			95									
			100									
			110	212	167	212						
			120									
			125									
LX9	22 400	1 850	100	212	167	212	410	230	63	5	4.386	197
			110									
			120									
			125									
			130	252	202	252						
			140									
LX10	35 500	1 600	110	212	167	212	480	280	75	6	9.460	322
			120									
			125									
			130	252	202	252						
			140									
			150									
			160	302	242	302						
			170									
			180									

型号	公称转矩 $T_n/$ (N·m)	许用转速 $[n]$(r/min)	轴孔直径 d_1,d_2,d_z	轴孔长度 L			D	D_1	b	S	转动惯量 $I/(\mathrm{kg \cdot m^{-2}})$	质量 m/kg
				Y 型	J,J$_1$,Z 型							
				L	L	L_1						
LX11	50 000	1 400	130	252	202	252	540	340	75	6	20.05	520
			140	252	202	252						
			150									
			160									
			170	302	242	302						
			180									
			190			—						
			200	352	282	352						
			220									
LX12	80 000	1 220	160				630	400	90	7	37.71	714
			170	302	242	302						
			180									
			190									
			200	352	282	352						
			220									
			240									
			250	410	330	—						
			260									
LX13	125 000	1 080	190				710	465	100	8	71.37	1 057
			200	352	282	352						
			220									
			240									
			250	410	330	—						
			260									
			280	470	380	—						
			300									

续表

型号	公称转矩 $T_n/$ (N·m)	许用转速 $[n]$(r/min)	轴孔直径 d_1,d_2,d_z	轴孔长度 L			D	D_1	b	S	转动惯量 $I/(\text{kg}\cdot\text{m}^{-2})$	质量 m/kg
				Y 型	J,J_1,Z 型							
				L	L	L_1						
LX14	180 000	950	240	410	330	—	800	530	110	8	170.6	1 956
			250									
			260									
			280	470	380	—						
			300									
			320									
			340	550	450	—						

注:质量、转动惯量是按 J/Y 轴孔组合型式和最小轴孔直径计算的。

附表9 公差与配合

附表9.1 标准公差数值(GB/T 1800—1979) /μm

基本尺寸/mm	公差等级																	
	IT1	IT2	IT3	IT4	IT5	IT6	IT7	IT8	IT9	IT10	IT11	IT12	IT13	IT14	IT15	IT16	IT17	IT18
≤3	0.8	1.2	2	3	4	6	10	14	25	40	60	100	140	250	400	600	1 000	1 400
>3~6	1	1.5	2.5	4	5	8	12	18	30	48	75	120	180	300	480	750	1 200	1 800
>6~10	1	1.5	2.5	4	6	9	15	22	36	58	90	150	220	360	580	900	1 500	2 200
>10~18	1.2	2	3	5	8	11	18	27	43	70	110	180	270	430	700	1 100	1 800	2 700
>18~30	1.5	2.5	4	6	9	13	21	33	52	84	130	210	330	520	840	1 300	2 100	3 300
>30~50	1.5	2.5	4	7	11	16	25	39	62	100	160	250	390	620	1 000	1 600	2 500	3 900
>50~80	2	3	5	8	13	19	30	46	74	120	190	300	460	740	1 200	1 900	3 000	4 600
>80~120	2.5	4	6	10	15	22	35	54	87	140	220	350	540	870	1 400	2 200	3 500	5 400
>120~180	3.5	5	8	12	18	25	40	63	100	160	250	400	630	1 000	1 600	2 500	4 000	6 300
>180~250	4.5	7	10	14	20	29	46	72	115	185	290	460	720	1 150	1 850	2 900	4 600	7 200
>250~315	6	8	12	16	23	32	52	81	130	210	320	520	810	1 300	2 100	3 200	5 200	8 100
>315~400	7	9	13	18	25	36	57	89	140	230	360	570	890	1 400	2 300	3 600	5 700	8 900
>400~500	8	10	15	20	27	40	63	97	155	250	400	630	970	1 550	2 500	4 000	6 300	9 700

注:IT表示标准公差,公差等级为IT01、IT0、IT1~IT18共20级。

附表9.2 优先配合特性及应用举例

基孔制	基轴制	优先配合特性及应用举例
H11/c11	C11/h11	间隙非常大,用于很松的转动配合;要求大公差与大间隙的外露组件,要求装配方便的很松的配合。
H9/d9	D9/h9	间隙很大的自由转动配合,用于精度为非主要要求时,或有大温度变动、高转速或大的轴颈压力时。
H8/f7	F8/h7	间隙不大的转动配合,用于中等转速与中等轴颈压力的精确转动;也用于装配较方便的中等定位配合。
H7/g6	G7/h6	间隙很小的转动配合,用于不希望自由转动,但可自由移动和滑动并精密定位时,也可用于要求明确的定位配合。
H7/h6	H7/h6	
H8/h7	H8/h7	均为间隙定位配合,零件可自由装拆,而工作时一般相对静止不动……在最大实体条件下的间隙为零,在最小实体条件下的间隙由公差等级决定。
H9/h9	H9/h9	
H11/h11	H11/h11	

续表

基孔制	基轴制	优先配合特性及应用举例
H7/k6	H7/k6	过渡配合,用于精密定位。
H7/n6	N6/h6	过渡配合,允许有较大过盈的更精密定位。
H7*/p6	S7/h6	过盈定位配合,即小过盈配合,用于定位精度特别重要时,能以良好的定位精度达到部件的刚性及对中性要求,而对内孔承受压力无特殊要求,不依靠配合的紧固性传递摩擦负荷。
H7/s6	S7/h6	中等压入配合,适用于一般钢件;或用于薄壁的冷缩配合,用于铸铁件可得到最紧的配合。
H7/u6	U7/h6	压入配合,适用于可以承受压入力或不宜承受大压入力的冷缩配合。

注:"*"配合在小于或等于 3 mm 时为过渡配合。

附表 9.3 轴的各种基本偏差的应用

配合种类	基本偏差	配合特性及应用
间隙配合	a、b	可得到特别大的间隙,很少应用。
	c	可得到很大的间隙,一般适用于缓慢、松弛的转动配合;用于工作条件较差(如农业机械)受力变形,或为了便于装配而必须保证有较大间隙时;推荐配合为 H11/c11,其较高级的配合,如 H8/c7 适用轴在高温时工作的紧密动配合,如内燃机排气阀和导管。
	d	配合一般用于 IT7~IT11 级,适用于松的转动配合,如密封盖、滑轮、空转带轮等与轴的配合;也适用于大直径滑动轴承配合,如透平机、球磨机、孔滚成型和重型弯曲机及其他重型机械中的一些滑动支承。
	e	多用于 IT7~IT9 级,通常适用于要求有明显间隙、易于转动的支承配合,如大跨距、多支点的支承等;高等级的 e 轴适用于大型、高速、重载的支承配合,如涡轮发动机、大型电动机、电燃机、凸轮轴及摇臂支承。
	f	多用于 IT6~IT8 级的一般转动配合,当温度影响不大时,被广泛用于普通润滑油(或润滑脂)润滑的支承,如齿轮箱、小电机、泵等的转轴与滑动支承的配合。
	g	配合间隙小,制造成本高,除很轻负荷的精密装置外,不推荐用于转动配合;多用于 IT5~IT7 级,最适合不回转的精密滑动配合,也用于插销等定位配合,如精密连杆轴承、活塞、滑阀及连杆销等。
	h	多用于 IT4~IT11 级;广泛用于无相对转动的零件,作为一般的定位配合;若没温度、变形的影——也用于精密滑动配合。
过渡配合	js	为完全对称偏差(±IT/2),平均为稍有间隙的配合,多用于 IT4~IT7 级,要求间隙比 h 轴小,并允放略有过盈的定位配合,如连轴器,可用木锤装配。
	k	平均为没有间隙的配合,适用于 IT4~IT7 级,推荐用于稍有过盈的定位配合,例如为了消除振动用的定位配合,一般用木锤装配。
	m	平均为具有小过盈的过渡配合;适用于 IT4~IT7 级,一般用木锤装配,但在最大过盈时,要求相当的压入力。
	n	平均过盈比 m 轴稍大,很少得到间隙,适用于 IT4~IT7 级,用木锤或压力机装配,通常推荐用于紧密的组件配合;H6/n5 配合时为过盈配合。

续表

配合种类	基本偏差	配合特性及应用
过盈配合	p	与 H6 或 H7 配合时是过盈配合,与 H8 孔配合时则为过渡配合;对非铁类零件,为较轻的压入配合,当需要时便于拆卸;对钢、铸铁或钢组件装配,是标准的压入配合。
	r	对铁类零件,为中等打入配合,对非铁类零件,为轻打入配合,当需要时可以拆卸;与 H8 孔配合,直径在 100 mm 以上时为过盈配合,直径小时为过渡配合。
	s	用于钢和铁质零件的永久性和半永久性装配,可产生相当大的结合力;当用弹性材料,如轻合金时,配合性质与铁类零件的 p 轴相当,例如套环装在轴上、阀座等配合。尺寸较大时,为避免损伤配合表面,需用热胀或冷缩法装配。
	t、u、v、x、y、z	过盈量依此增大,一般不推荐采用。

附表 9.4　公差等级与加工方法的关系

加工方法	公差等级(IT)												
	4	5	6	7	8	9	10	11	12	13	14	15	16
绗磨													
圆磨、平磨													
拉销													
铰孔													
车、镗													
铣													
刨、插													
钻孔													
冲压													
砂型铸造、气割													—
锻造													—

附表 10　电动机

附表 10.1　Y 系列三相异步电动机技术数据(ZBK 22007—88)

电动机型号	额定功率 /kW	满载转速 /(r·min⁻¹)	堵转转矩 额定转矩	最大转矩 额定转矩	电动机型号	额定功率 /kW	满载转速 /(r·min⁻¹)	堵转转矩 额定转矩	最大转矩 额定转矩
同步转速 3 000 r/min,2 级					同步转速 1 500 r/min,4 级				
Y801-2	0.75	2 825	2.2	2.2	Y801-4	0.55	1 390	2.2	2.2
Y802-2	1.1	2 825	2.2	2.2	Y802-4	0.75	1 390	2.2	2.2

续表

电动机型号	额定功率 /kW	满载转速 /(r·min⁻¹)	堵转转矩 额定转矩	最大转矩 额定转矩	电动机型号	额定功率 /kW	满载转速 /(r·min⁻¹)	堵转转矩 额定转矩	最大转矩 额定转矩
Y90S-2	1.5	2 840	2.2	2.2	Y90S-4	1.1	1 400	2.2	2.2
Y90L-2	2.5	2 840	2.2	2.2	Y90L-4	1.5	1 400	2.2	2.2
Y100L-2	3	2 880	2.2	2.2	Y100L1-4	2.2	1 420	2.2	2.2
Y112M-2	4	2 890	2.2	2.2	Y100L2-4	3	1 420	2.2	2.2
Y132S1-2	5.5	2 900	2.0	2.2	Y112M-4	4	1 440	2.2	2.2
Y132S2-2	7.5	2 900	2.0	2.2	Y132S-4	5.5	1 440	2.2	2.2
Y160M1-2	11	2 930	2.0	2.2	Y132M-4	7.5	1 440	2.2	2.2
Y160M2-2	15	2 930	2.0	2.2	Y160M-4	11	1 460	2.2	2.2
Y160L-2	18.5	2 930	2.0	2.2	Y160L-4	15	1 460	2.2	2.2
Y180M-2	22	2 940	2.0	2.2	Y180M-4	18.5	1 470	2.0	2.2
Y200L1-2	30	2 950	2.0	2.2	Y180L-4	22	1 470	2.0	2.2
Y200L2-2	37	2 950	2.0	2.2	Y200L-4	30	1 470	2.0	2.2
Y225M-2	45	2 970	2.0	2.2	Y225S-4	37	1 480	1.9	2.2
Y250-2	55	2 970	2.0	2.2	Y225M-4	45	1 480	1.9	2.2
同步转速 1 000 r/min,6 级					Y250M-4	55	1 480	2.0	2.2
Y90S-6	0.75	910	2.0	2.0	Y280S-4	75	1 480	1.9	2.2
Y90L-6	1.1	910	2.0	2.0	Y280M-4	90	1 480	1.9	2.2
Y100L-6	1.5	940	2.0	2.0	同步转速 750 r/min,8 级				
Y112M-6	2.2	940	2.0	2.0	Y132S-8	2.2	710	2.0	2.0
Y132S-6	3	960	2.0	2.0	Y132M-8	3	710	2.0	2.0
Y132M1-6	4	960	2.0	2.0	Y160M1-8	4	720	2.0	2.0
Y132M2-6	5.5	960	2.0	2.0	Y160M2-8	5.5	720	2.0	2.0
Y160M-6	7.5	970	2.0	2.0	Y160L-8	7.5	720	2.0	2.0
Y160L-6	11	970	2.0	2.0	Y180L-8	11	730	1.7	2.0
Y180L-6	15	970	1.8	2.0	Y200L-8	15	730	1.8	2.0
Y200L1-6	18.5	970	1.8	2.0	Y225S-8	18.5	730	1.7	2.0
Y200L2-6	22	970	1.8	2.0	Y225M-8	22	730	1.8	2.0
Y225M-6	30	980	1.8	2.0	Y250M-8	30	730	1.8	2.0
Y250M-6	37	980	1.8	2.0	Y280S-8	37	740	1.8	2.0
Y280S-6	45	980	1.8	2.0	Y280M-8	45	740	1.8	2.0
Y280M-6	55	980	1.8	2.0	Y315S-8	55	740	1.6	2.0

注:电动机型号与安装代号意义:以 Y132A2-2-B3 为例,Y 表示系列代号,132 表示机座中心高,S 表示短机座(M 表示中机座,L 表示长机座),第二种铁芯长度,2 为电动机的级数,B3 表示安装模型式。

附表 10.2　Y 系列电动机安装代号

安装形式	基本安装形式	由 B3 派生的安装形式				
	B3	V5	V6	B6	B7	B8
示意图	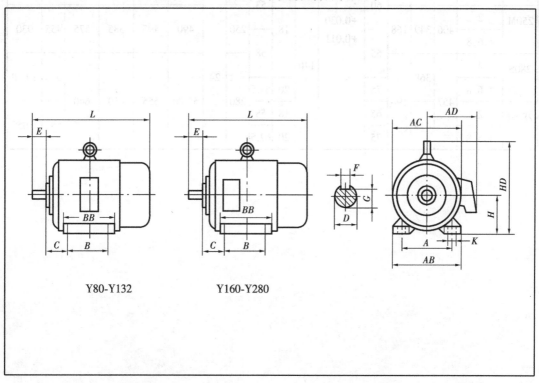					
中心高/mm	80~280	80~160				
安装形式	基本安装形式	由 B5 派生的安装形式		基本安装形式	由 B35 派生的安装形式	
	B5	V1	V3	B35	V15	V36
示意图						
中心高/mm	80~225	80~280	80~160	80~280	80~160	

附表 10.3　Y 系列电动机的安装及外形尺寸

Y80-Y132　　　　　　Y160-Y280

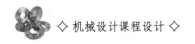

续表

机座号	班数	A	B	C	D	E	F	G	H	K	AB	AC	AD	HD	BB	L
80	2,4	125	100	50	19	40	6	15.5	80	10	165	165	150	170	130	285
90S	2,4,6	140	100	56	24	50	8	20	90	10	180	175	155	190	130	310
90L	2,4,6	140	125	56	24 (+0.009 / −0.004)	50	8	20	90	10	180	175	155	190	155	335
100L	2,4,6	160	125	63	28	60	8	24	100	12	205	205	180	245	170	380
112M	2,4,6	190	140	70	28	60	8	24	112	12	245	230	190	265	180	400
132S	2,4,6,8	216	140	89	38	80	10	33	132	12	280	270	210	315	200	475
132M	2,4,6,8	216	178	89	38	80	10	33	132	12	280	270	210	315	238	515
160M	2,4,6,8	254	210	108	42 (+0.018 / +0.002)	110	12	37	160	15	330	325	255	385	270	600
160L	2,4,6,8	254	254	108	42	110	12	37	160	15	330	325	255	385	314	645
180M	2,4,6,8	279	241	121	48	110	14	42.5	180	15	355	360	285	430	311	670
180L	2,4,6,8	279	279	121	48	110	14	42.5	180	15	355	360	285	430	349	710
200L	2,4,6,8	318	305	133	55	110	16	49	200	19	395	400	310	475	379	775
225S	4,8	356	286	149	60	140	18	53	225	19	435	450	345	530	368	820
225M	2	356	311	149	55	110	16	49	225	19	435	450	345	530	393	815
225M	4,6,8	356	311	149	60	140	18	53	225	19	435	450	345	530	393	845
250M	2	406	349	168	60 (+0.030 / +0.011)	140	18	53	250	24	490	495	385	575	455	930
250M	4,6,8	406	349	168	65	140	18	58	250	24	490	495	385	575	455	930
280S	2	457	368	190	65	140	18	58	280	24	550	555	410	640	530	1 000
280S	4,6,8	457	368	190	75	140	20	67.5	280	24	550	555	410	640	530	1 000
280M	2	457	419	190	65	140	18	58	280	24	550	555	410	640	581	1 050
280M	4,6,8	457	419	190	75	140	20	67.5	280	24	550	555	410	640	581	1 050

参考文献

［1］陆玉.机械设计课程设计［M］.3 版.北京:机械工业出版社,2005.

［2］吴宗泽,高志,罗圣国,李威.机械设计课程设计手册［M］.4 版.北京:高等教育出版社,2012.

［3］傅燕鸣.机械设计课程设计手册［M］.上海：上海科学技术出版社,2013.

［4］张锋,古乐.机械设计课程设计手册［M］.北京：高等教育出版社,2010.

［5］石向东.机械设计课程设计指导书(高职类)［M］.北京：机械工业出版社,2011.

［6］陈立德.机械设计基础课程设计［M］.北京:高等教育出版社,2004.

［7］胡家秀.机械设计基础［M］.北京:机械工业出版社,2007.

［8］李兴华.机械设计课程设计［M］.北京：清华大学出版社,2012.

［9］向敬忠.机械设计课程设计图册［M］.北京：化学工业出版社,2009.

［10］张建中.机械设计基础课程设计［M］.北京：中国矿业大学出版社,2010.

［11］陈秀宁,顾大强.机械设计［M］.杭州:浙江大学出版社,2010.

［12］刘建华.机械设计课程设计［M］.北京：电子工业出版社,2011.

［13］王洪.机械设计课程设计［M］.北京：清华大学出版社,2009.

［14］丛晓霞.机械设计课程设计［M］.北京：高等教育出版社,2010.

［15］闻邦椿.机械设计手册［M］.5 版.北京:机械工业出版社,2010.